Guía para el docente y solucionarios

Operaciones auxiliares de mantenimiento en electromecánica de vehículos

ic editorial

Editado por: IC Editorial
c/ Cueva de Viera, 2, Local 3
Centro Negocios CADI
29200 Antequera (Málaga)
Teléfono: 952 70 60 04
Fax: 952 84 55 03
Correo electrónico: iceditorial@iceditorial.com
Internet: www.iceditorial.com

Guía para el docente y solucionarios:
Operaciones auxiliares de mantenimiento en electromecánica de vehículos

1ª Edición

ISBN: 978-84-1184-306-5
Depósito Legal: MA 1600-2024

Impresión: PODiPrint
Impreso en Andalucía - España

Índice

Bloque 1
Guía para el docente: técnicas de enseñanza y aprendizaje

Bloque 2
Solucionarios de ejercicios de repaso y autoevaluación

Bloque 1

Guía para el docente: técnicas de enseñanza y aprendizaje

Contenido

1. Introducción

El presente capítulo está destinado a ofrecer al cuerpo docente responsable de la enseñanza del programa de cualificaciones profesionales y certificados de profesionalidad, una guía metodológica para obtener el máximo rendimiento de los contenidos formativos que han sido desarrollados para el presente título.

La mejora de las habilidades comunicativas y la aplicación de una metodología contrastada de enseñanza, aprendizaje y evaluación permitirá transmitir el conocimiento y adquirir el programa formativo de la forma más efectiva y práctica posible.

Estudiaremos cuáles son los principales elementos que forman parte de la comunicación profesor-alumno, a través de una cuidada selección de sistemas de planificación de estrategias didácticas, así como la utilización de medios y recursos didácticos.

La integración de todas las actividades planificadas alrededor de un plan de formación adaptado e individualizado, aumentará además la satisfacción del alumnado por la utilización de un sistema no lineal e interactivo que se retroalimenta gracias a la relación establecida entre la propia metodología y los actores que forman parte de la enseñanza.

2. El programa de formación

Una de las claves del éxito de la mayoría de las actividades que se realizan en general, y concretamente en la formación, es la **programación.** Es necesaria la programación de las acciones formativas, para que así se pueda alcanzar el objetivo final, es decir, que el alumno obtenga una buena capacitación y adquiera nuevos conocimientos en su repertorio y que, después, sea capaz de emplearlos en su trabajo.

2.1. Definición de programación

Cuando se habla de **programación,** se pueden encontrar multitud de definiciones. Para sintetizar, se podría definir como la actividad de enunciar lo que se quiere hacer (objetivos, contenidos, métodos, temporalización, medios y recursos didácticos y evaluación).

Programación
Es un plan donde se establecen las acciones que se van a realizar en un proceso de enseñanza-aprendizaje, por medio de un formador o un equipo.

A continuación, se va a describir una serie de características que tiene que tener una programación didáctica:

- Dinámica. Una programación no es estática ni está acabada, siempre está en constante revisión, de ahí su dinamismo. Además va cambiando o evolucionando según los resultados de la evaluación continua que se va realizando durante la ejecución de la acción.
- Flexible. Esta característica permite que se puedan hacer cambios, ampliaciones, reducciones y actualizaciones de los contenidos y actividades programadas, según las necesidades que se observen.
- Creativa. La programación como es un diseño propio y exclusivo, exige creatividad y originalidad. El docente es el que decide sobre el quehacer en el aula teniendo en cuenta las características del grupo, las necesidades que se pretenden satisfacer y las propias posibilidades.
- Prospectiva. La programación consiste en hacer un pronóstico de la interacción que se va a producir en el aula.

- Sistemática. La programación es un proceso sistematizador que da coherencia a la acción formativa, ya que tiene en cuenta todos los elementos (objetivos, contenidos, métodos, temporalización, medios y recursos pedagógicos y evaluación) que intervienen en el acto educativo y analiza sus relaciones.
- Integradora. Permite integrar elementos de cualificación técnico-profesionales con elementos de cualificación personal de alumnado.
- Funcional. Toda programación debe basarse en el perfil profesional de la ocupación y estructurar los contenidos formativos que proporcionan las competencias de ésta.

2.2. Elementos de la programación

Antes de empezar cualquier programación formativa, es necesario tener en cuenta los datos obtenidos del análisis de la ocupación y del grupo al que se dirige la acción formativa. A partir de esta información, se determinan los elementos que van a conformar la programación.

Cuando se realiza la programación de un curso, hay que plantearse previamente las siguientes preguntas:

1. ¿Qué quiero conseguir con la formación?	**OBJETIVOS**
2. ¿Qué conocimientos deben asimilar los alumnos para alcanzar los objetivos propuestos?	**CONTENIDOS DEL CURSO**
3. ¿Cómo trabajamos en el aula? ¿Qué actividades son las que realizamos?	**MÉTODOS DE ENSEÑANZA**
4. ¿Cuánto tiempo tengo y cuánto dedico a cada módulo?	**TEMPORALIZACIÓN**
5. ¿Qué medios y recursos didácticos se necesitan para poder llevar a cabo esas actividades?	**MEDIOS Y RECURSOS DIDÁCTICOS**
6. ¿Cómo sabemos que se ha producido el aprendizaje?	**EVALUACIÓN**

3. Factores determinantes de la efectividad de la comunicación en el proceso de enseñanza-aprendizaje

En toda comunicación que se produzca en el proceso de enseñanza-aprendizaje, existen factores determinantes que obstaculizan o refuerzan este proceso.

3.1. Obstáculos de la comunicación

Relacionados con el emisor

- No expresar de forma clara qué mensaje se quiere transmitir.
- Comentar algo a lo largo de la explicación que no sea lo correcto y pueda resultar desagradable.
- Cambiar el tema de conversación.
- Desviarse del tema que se está tratando.
- No mirar al receptor cuando se quiere expresar algo.
- No estar atento a las señales que emite el receptor.
- Expresar alguna idea a través de los gestos que no se corresponda con la idea a comunicar.

Relacionados con el receptor

- No comprender las ideas que quiere expresar el emisor.
- No pedir explicación al emisor de aquella información que no le haya quedado clara.
- Interrumpir al emisor cuando está hablando.
- Captar algo diferente a lo que el emisor desea transmitir.

Relacionados con el mensaje

- Mensaje confuso.
- Mensaje muy corto.
- Mensaje muy extenso.
- Abuso de muletillas.
- Utilización de frases sin terminar.
- Dar "rodeos" para decir la idea principal.

Relacionados con el contexto

- No ser el momento adecuado para transmitir algo.
- No saber escoger el lugar oportuno.
- La presencia de ruidos y de interferencias.
- No pensar en las personas que están cerca.

Relacionados con el código

- No utilizar el mismo código que la persona con la que se habla o a la que se escucha.
- No adaptar el vocabulario a la situación o a la persona con la que se conversa.
- Utilizar el doble sentido.

3.2. Sugerencias para el mejor funcionamiento de la comunicación

Emisor

- Acostumbrarse a planificar la comunicación.
- Concretar visiblemente los objetivos.
- Buscar la retroalimentación en la comunicación.
- No tratar de impresionar al receptor.

Mensaje

- Que sea claramente entendido por el receptor.
- Que la terminología usada sea de referencia común.
- Que reclame la atención y el interés del alumnado.
- Que sea sencillo de interpretar.
- Que su contenido sea adecuado y convincente.
- Que produzca el máximo efecto posible.

Canal

- Que sea el más apropiado al grupo al que se dirige, al contenido del mensaje y al objetivo que persigue el formador.
- Que sea el que cause mayor impacto en el receptor.
- Que sea el más eficaz.
- Que sea el que mejor domine el formador.

4. La comunicación verbal y no verbal en el proceso instructivo

Los medios de comunicación pueden agruparse en dos grandes bloques: los **medios verbales,** que son aquellos que usan la lengua como código compartido; y los **medios no verbales,** que son los que se fundamentan en otros códigos simbólicos. A su vez, dentro de los medios verbales, están el medio escrito y el medio oral.

Cada uno de estos medios tiene sus ventajas y sus inconvenientes, por lo que la selección del medio deberá tener en cuenta las circunstancias y características que en cada caso presenta el comunicador, la audiencia y el mensaje que se ha de transmitir.

4.1. Los medios verbales

La comunicación verbal

La comunicación verbal se utiliza para comunicar ideas o dar información, opiniones, expresar o describir sentimientos, etc. Sirve de vehículo a los contenidos explícitos del mensaje. Para garantizar la efectividad de la comunicación, es necesario que el mensaje se presente de forma descriptiva y operativa, pero siempre teniendo muy en cuenta el código común del grupo al que va dirigida esta comunicación.

Un uso correcto del lenguaje oral ayuda a acercarse más a los alumnos. Los principales aspectos a considerar son los que aparecen a continuación.

Construcciones gramaticales

El objetivo será transmitir el mensaje de la manera más clara posible. Se deben evitar los giros rebuscados, la sintaxis complicada y las metáforas. En las explicaciones y conversaciones debe primar el contenido sobre la forma.

Vocabulario

Es importante saber qué palabras van a expresar mejor los conceptos que se desean transmitir y las que pueden ser comprendidas mejor por los alumnos. El análisis previo de los alumnos ayuda a saber qué términos técnicos se pueden utilizar sin problemas, cuáles se tienen que explicar y cuáles se deben evitar.

En general, siempre hay que mantenerse dentro de un lenguaje formal, evitando los vocablos demasiado coloquiales, las palabras extranjeras, las referencias académicas y expresiones de carácter religioso, político, deportivo o cultural, que pueden resultar agresivas para los alumnos.

Ejemplos

Los conceptos abstractos que pueden aparecer y que dificultan la adquisición de los contenidos, tienen que ser expresados mediante las explicaciones del formador, siempre apoyándose en la visualización.

La comunicación escrita

La comunicación escrita posee un carácter más veraz que la oral. La interacción que tiene lugar entre el emisor y el receptor no es inmediata, en algunas ocasiones no llega a producirse jamás. Este tipo de comunicación ofrece más oportunidades expresivas y mayor complejidad gramatical, sintáctica y léxica. También hay que tener en cuenta que a veces dificulta la expresión y/o puede no proporcionar *feedback* de manera inmediata.

4.2. Los medios no verbales

Al igual que las palabras, los elementos de la comunicación no verbal son signos que representan una idea (se excluyen todos los signos lingüísticos).

A diferencia de la comunicación verbal, su función no se centra sólo en la transmisión de contenido, sino que traspasa esa frontera para expresar también las emociones del emisor, controlar la interacción y proporcionar *feedback* del efecto que el mensaje produce en el receptor. Todas estas funciones son muy útiles para el formador, tanto en su tarea de transmisor de conocimientos como en la tarea de motivar y dirigir al grupo.

A continuación, se detallan las diferentes categorías en las que se agrupan los elementos de la comunicación no verbal.

Kinesia

Posturas

Una de las primeras cosas que el formador debe transmitir a sus alumnos es confianza y seguridad, lo que puede conseguirse a través de una postura erguida (sin llegar a ser arrogante), de pie, apoyándose sobre los dos pies y manteniendo la cabeza alta.

Esta postura es útil, especialmente durante la presentación del curso, porque ayuda a relajar el cuerpo, a facilitar la respiración y a controlar las muestras de nerviosismo, al tener un buen apoyo en el suelo.

A medida que avanza el curso, se pueden adoptar otras posturas que faciliten el descanso (apoyarse), el acercamiento (echar el cuerpo hacia delante) o que resten protagonismo (sentarse).

Gestos

Los gestos son un buen aliado del formador, excepto cuando éste se siente incómodo o nervioso. Gestos de carácter adaptador, como rascarse o colocarse la ropa, pueden delatar su estado emocional.

La mayoría de los gestos cumplen la función de reforzar el mensaje verbal (ilustradores), aunque existen otros cuya función es regular las intervenciones cuando se dirige una discusión de grupo.

Expresiones faciales

Las expresiones de la cara transmiten las emociones y permiten obtener fácilmente una respuesta del alumno.

Una expresión facial agradable, como una sonrisa no forzada, facilita la creación de un ambiente relajado en el aula. Una sonrisa puede ser muy útil también para romper la tensión que inevitablemente surge en algunas sesiones.

Mirada

La mirada, junto con la postura, es uno de los mejores métodos para transmitir confianza (en momentos de nerviosismo se tiende a apartar la vista) y para captar la atención de los alumnos.

Mientras el formador habla debe mantener la mirada sobre los alumnos la mayor parte del tiempo, mirándolos el tiempo suficiente como para que se sientan atendidos pero no incómodos. También se puede utilizar la mirada durante las discusiones de grupo, con una función reguladora de las distintas intervenciones.

Desplazamientos

Realizar desplazamientos en el aula capta la atención del alumnado, además de facilitar el contacto visual. Hay que procurar que no sean repetitivos o bruscos (pasear cerca de los alumnos), y cambiar de un recurso a otro (ir de la pizarra al retroproyector), etc.

Recuerde

Los recursos no verbales que estudia la Kinesia son:

- Posturas.
- Gestos.
- Expresiones faciales.
- Mirada.
- Desplazamientos.

Estos recursos pueden utilizarse tanto para reforzar lo que se expresa mediante la comunicación verbal como para sustituirlo.

Proxémica

El aspecto de la proxémica que más interesa es la proximidad física entre los individuos, ya que los alumnos pueden sentirse violentos si el formador se aproxima excesivamente a ellos o, por el contrario, verle distante si no se acerca.

Se debe prestar atención a este aspecto, tanto durante las intervenciones como al distribuir el espacio del aula que se va a emplear, evitando siempre que los asientos estén demasiado juntos o demasiado separados.

Paralingüística

Para captar la atención del público, los oradores suelen hacer uso de determinados aspectos como el tono de voz o las pausas, que en algunos casos pueden parecer exagerados.

El formador, aunque emplee el método de la lección magistral, no es un orador y, por tanto, no debe prestar especial atención a estos aspectos, excepto cuando le plantean algún problema, debido a la ansiedad, al cansancio o a un mal estado de salud. Practicar en voz alta y realizar grabaciones durante la fase de preparación puede ayudar a vencer estas dificultades.

Volumen

Aunque el aula sea pequeña, se tiene que realizar el esfuerzo de hablar lo suficientemente alto para que todos los alumnos oigan las explicaciones y, a la vez, transmitir confianza. En general, el volumen se ajustará instintivamente cuando se compruebe dónde se sitúa la persona que se encuentra más alejada.

Entonación

El problema más frecuente, especialmente si se está cansado, es la monotonía, que no contribuye a captar la atención ni a motivar a los alumnos.

El interés que el formador muestre por el tema y una correcta preparación le hará destacar los puntos clave y jugar con la entonación de una forma adecuada a lo largo de toda la exposición.

Pronunciación

Los problemas se presentan especialmente cuando se está nervioso o se habla demasiado rápido. Se debe hacer un esfuerzo por articular todas las palabras de manera limpia y clara, abriendo la boca lo suficiente para pronunciar correctamente las sílabas, consonantes y vocales.

Velocidad

Una velocidad correcta puede ayudar a resolver problemas de pronunciación y de entonación. Se debe hablar a una velocidad normal o algo superior, para facilitar el mantenimiento de la atención. No obstante, si se está nervioso, se puede hablar con mayor lentitud para facilitar la respiración y relajarse. También se debe reducir la velocidad cuando se expliquen conceptos técnicos complejos o cuando se espere alguna respuesta por parte de los alumnos.

Recuerde

Los elementos que trata la Paralingüística son:

- El volumen.
- La entonación.
- La pronunciación.
- La velocidad.

Proyección física

Existen determinados factores que, sin que la persona diga ni haga nada, transmiten información y hacen referencia a la imagen física que esta persona proyecta.

Es fundamental que el formador transmita una imagen positiva para los alumnos. Se debe cuidar el aspecto externo y los artefactos que se usen, como los adornos y prendas de vestir. La manera adecuada de vestir depende de la situación y siempre debe estar en consonancia con lo que cada colectivo de alumnos espera del formador.

Ejemplo

Sería negativo vestir pieles para impartir un curso cuyo objetivo fuese desarrollar actitudes positivas hacia la protección del medio ambiente.

En cualquier caso, se debe llevar ropa que resulte cómoda, bien cuidada y no demasiado llamativa. A los adornos y al peinado se aplican las mismas reglas que al vestido.

Importante

Un objetivo fundamental del formador es dirigir la atención de los alumnos hacia el contenido que está desarrollando, nunca hacia su persona.

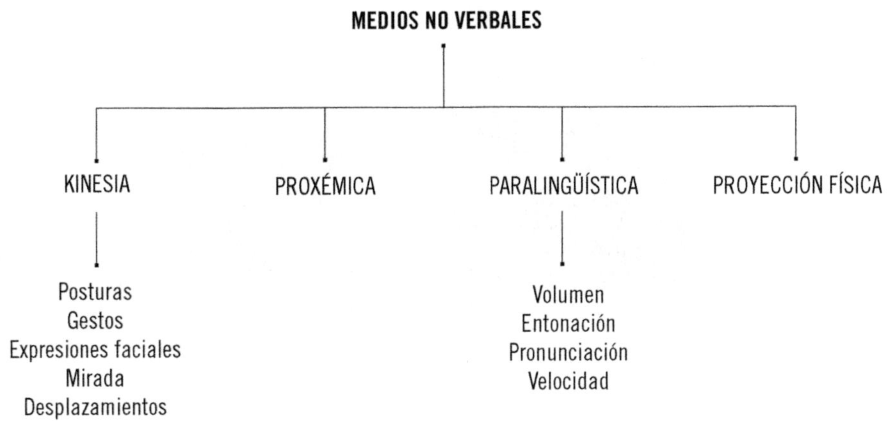

Finalmente, conviene recordar que si el formador observa atentamente la comunicación no verbal que expresan los alumnos, obtendrá una gran cantidad de información.

Hay numerosos signos no verbales que puede mostrar el alumno:

- **Atención:** posturas del cuerpo (inclinado hacia delante, hacia atrás...).
- **Necesidad de hablar:** movimientos sutiles de la boca, de la mano, etc.
- **Irritación:** movimiento de pies, manipulación de objetos sobre la mesa, etc.

- **Concentración:** tomar apuntes, mirar al docente, etc.
- **Cansancio:** cuerpo hundido, suspiros, etc.
- **Inercia:** silencios de todo el grupo, etc.
- **Desinterés:** cerrar el cuaderno, bostezar, mirar al vacío, etc.
- **Sorpresa:** levantar los brazos, abrir la boca, levantar las cejas, abrir los ojos, etc.

Si se observan estos elementos de forma atenta, se podrá obtener información sobre la comprensión del mensaje y el estado emocional de los alumnos, lo que será de gran utilidad para el formador durante el curso.

La comunicación no verbal aporta información al formador sobre los alumnos

5. Técnicas de secuenciación de contenidos

Una vez seleccionados los contenidos, hay que ordenarlos secuencialmente. La **secuenciación y estructuración de los contenidos** es el proceso que permite situarlos en una configuración que produce el máximo aprendizaje en el mínimo tiempo posible.

Algunas de las técnicas para la secuenciación de contenidos son las siguientes:

- Que los contenidos estén de acuerdo con los objetivos propuestos y con los plazos previstos para conseguirlos.

- Empezar por los contenidos más próximos y significativos para el alumno, para llegar poco a poco a lo desconocido. De esta manera, resultará más fácil introducir los nuevos contenidos.
- Ir de lo inmediato a lo remoto.
- Ir de lo concreto a lo abstracto.
- Ir de lo más fácil a lo más difícil. Esto motiva al alumnado porque le va mostrando los avances de manera rápida.

Las principales ventajas que este proceso conlleva son:

- Ayuda al participante a pasar de un conocimiento o habilidad a otro.
- Garantiza que los conocimientos y habilidades previas son alcanzados antes de introducir elementos nuevos.
- Reduce el tiempo de formación.
- Evita la confusión y los fallos en el participante.

Estos puntos son los principales aspectos a tener en cuenta cuando se realiza la presente fase de la programación de la formación, es decir, cuando se fijan los contenidos de la formación.

6. La selección y planificación de estrategias didácticas

Las personas que realizan un curso de formación son diversas, por ello es muy importante que las estrategias didácticas se adapten, de la mejor forma posible, al contexto y permitan una flexibilidad.

Estrategias didácticas
Son procedimientos que el formador emplea para facilitar el aprendizaje, con la intención de que éste sea significativo.

Tras la selección y estructuración de contenidos, llega el momento de decidir la modalidad de formación a seguir y la metodología a utilizar en su impartición. Pero esta decisión no se puede tomar arbitrariamente, sino que ha de basarse en unos criterios. Los criterios de decisión básicos para determinar qué estrategia y qué método de formación es el adecuado, son:

- La compatibilidad con los objetivos.
- Los principios generales del aprendizaje del adulto: individualización, motivación, utilidad, practicidad, intereses, etc.
- Los principios de rigor, realismo y participación.
- El carácter eminentemente aplicativo de los aprendizajes.
- La posibilidad de transferir los aprendizajes al puesto de trabajo.
- Los recursos disponibles, incluido el tiempo.
- Los factores relacionados con los participantes, como el estilo de aprendizaje, la edad, el tamaño del grupo, la motivación, etc.

Una vez escogido el método, se observa que ninguno es químicamente puro, sino que unos participan de otros. Por lo demás, todo método puede ser adecuado o inadecuado dependiendo del modo en que sea empleado.

Los formadores deben utilizar los métodos flexiblemente, de la forma que mejor se adapten al estilo de formación, a la materia y a los alumnos, complementando cada método con la técnica y recurso didáctico más acorde.

7. La selección y planificación de medios y recursos didácticos

Para realizar cualquier acción formativa, hace falta algo más que elegir y aplicar unos métodos y unas técnicas. Son necesarios los medios y recursos didácticos, que van a ayudar a desarrollar la metodología seleccionada en el aula. Los medios y recursos didácticos permiten el trasvase de información formador-alumno.

Definición

Medios didácticos
Son materiales elaborados para facilitar los procesos de enseñanza-aprendizaje.

Recursos didácticos
Son soportes mediante los cuales se presentan los contenidos del curso a los alumnos.

A la hora de escoger el medio o recurso a utilizar, se deben tener en cuenta los siguientes criterios:

- **Características de la materia o tema.** Dependiendo de la naturaleza de los contenidos, éstos pueden ser transmitidos por unos u otros métodos.
- **Los objetivos del curso.** Toda selección de medios y estrategias de enseñanza deben realizarse en función de éstos.
- **La disposición del aula y el número de alumnos.** Hay que tener cuidado, sobre todo en la visibilidad de alguno de los recursos, porque pueden perder eficacia.
- **Tiempo disponible para la formación.** Este elemento tiene que estar siempre presente, porque, en función del tiempo que se tenga, se elegirá lo que se adapte mejor a las necesidades.
- **Recursos disponibles,** ya que en algunas ocasiones están a nuestro alcance.
- **El uso que se haga de ellos,** cuál es la finalidad, qué es lo que se pretende y en qué momento se van a utilizar.
- **El nivel de conocimiento de los alumnos** sobre el tema.

Todos estos puntos se han de tener en cuenta a la hora de escoger un medio o recurso didáctico. La finalidad de éstos no es otra que la de fundamentar, apoyar y reforzar el acto formativo.

8. La planificación de la evaluación del proceso de enseñanza-aprendizaje

La aplicación de programas de formación lleva a la obtención de unos determinados resultados. Éstos serán los frutos de la formación y mostrarán el grado de eficacia y eficiencia con que se lleva a cabo la función formativa.

Los resultados indican el éxito de la formación mediante su contraste con los objetivos fijados anteriormente. Este procedimiento recibe el nombre de **evaluación,** proceso ampliamente conocido y con trascendencia reconocida para la formación. Según el proceso de evaluación aplicado, los resultados obtenidos serán reales y fiables, o bien, falseados.

Para que los resultados de la evaluación muestren con certeza el grado de éxito alcanzado con la formación, es necesario un requisito previo: el establecimiento de criterios de evaluación durante el proceso de planificación de la formación. Los criterios actúan como puntos de referencia, a partir de los cuales se valoran los resultados obtenidos.

Los criterios de evaluación han de fijarse con mucha atención, ya que determinan el proceso de evaluación, y éste juzga el grado de éxito de la función formativa.

El primer aspecto a tener en cuenta es la validez: los criterios de evaluación han de ser válidos en relación a los elementos del proceso formativo.

Los aspectos que determinan el grado de validez de los criterios de evaluación son:

- La relevancia.
- La no deficiencia.
- La no contaminación.
- Su fiabilidad.

El establecimiento de criterios válidos y fiables permitirá elaborar un proceso de evaluación de la formación que mida rigurosamente la eficacia y la eficiencia de la función formativa.

9. El seguimiento formativo

El seguimiento es un proceso continuo que sirve para evaluar la eficacia del uso de los recursos y para saber qué iniciativas se pueden emprender para mejorar el aprovechamiento de los recursos formativos.

El seguimiento, además de realizarse después de haber finalizado la planificación formativa, también se realiza antes de la acción.

9.1. Características

El seguimiento formativo permite evaluar los distintos componentes (desde los alumnos hasta todos los elementos que forman la programación) que intervienen en él durante todo el proceso de formación.

El seguimiento formativo se diferencia de la evaluación en que éste tiene que ver más con tareas organizativas, de coordinación, administrativas, etc.; sin embargo, la evaluación valora aspectos de los procesos de formación, como pueden ser la comunicación, el aprendizaje de los nuevos conocimientos, etc.

Con la realización adecuada de un seguimiento formativo:

- Se pueden **descubrir errores o desajustes** en el proceso de enseñanza-aprendizaje antes de que se realice la evaluación final para comprobarlos.
- Se pueden **corregir los errores** en el momento en el que se están produciendo.
- Además, **se detectan los aspectos positivos** que tienen lugar a lo largo de todo el proceso y las **posibles mejoras** que se pueden realizar.

El seguimiento formativo tiene que ser realizado por todas las personas que están implicadas en la realización de los cursos de formación (tutores, coordinadores, técnicos, etc.), por ello, el formador es una figura importante en el proceso de formación, ya que se encuentra implicado en él.

El proceso de formación debe estar planificado, pensado y planteado antes de que empiece la acción de formación, nunca debe llevarse a cabo de manera cerrada, sino que tiene que estar abierto a cualquier cambio que se considere necesario.

9.2. Finalidad

Son varias las finalidades que persigue el seguimiento formativo:

- Ayudar a comprender por qué ocurren algunas cosas y qué se puede hacer para intervenir en ese proceso que se está llevando a cabo.
- Identificar y solucionar los problemas que surgen a lo largo del proceso.
- Contribuir para elaborar planes de formación de manera objetiva, sin desviarse de la finalidad éste.
- Colaborar en la disminución y control del uso de los recursos materiales.
- Determinar el nivel que puede alcanzar el rendimiento y relacionarlo con el rendimiento actual.
- Diagnosticar y detectar problemas para llevar a cabo las acciones correctivas pertinentes.

9.3. Planificación

El seguimiento formativo debe planificarse antes y durante la acción formativa.

El objetivo de este seguimiento es comprobar la eficacia de la acción formativa antes de que ésta llegue a su fin, es decir, es necesario que durante este proceso todos los elementos que van a formar parte del aprendizaje estén planificados.

Los dos momentos que hay que tener en cuenta para planificar el seguimiento formativo son:

- **Antes de la acción formativa:** es necesario conocer las necesidades, el perfil del alumno, qué materiales, instrumentos, recursos, medios didácticos se van a usar.

- **Durante la acción formativa:** aquí el seguimiento se utiliza para comprobar los posibles errores y mejoras que se pueden llevar a cabo. Ofrece la posibilidad de poder modificar aquellas acciones o medios que dificultan el avance del aprendizaje.

10. Instrumentos para el seguimiento

A lo largo de un ciclo formativo pueden suceder errores y surgir problemas, esto abarca desde la identificación de necesidades hasta la planificación, el diseño, la implantación y la evaluación. Por todo esto, es importante saber cuál es la causa del problema y saber tomar las medidas oportunas para que no se origine nuevamente.

Para detectar el origen del problema, siempre se necesita una información determinada, ésta sólo se puede obtener mediante técnicas que ayuden a obtenerlas, es decir, que permitan recabar y analizar los datos obtenidos.

Para el seguimiento del proceso de enseñanza-aprendizaje, se pueden confeccionar diferentes tipos de instrumentos de evaluación, como pueden ser los cuestionarios y utilizar la observación directa, etc., si el tipo de formación lo permite (presencial o semipresencial). Estos instrumentos variarán según el tipo de datos que se quiera conseguir.

Un ejemplo de plantilla para recoger y analizar la información podría ser esta:

CURSO:		**1° Módulo**	**2° Módulo**	**3°Módulo**
Objetivos del módulo	Suficiente			
	Insuficiente			
	Adecuado			
	Inadecuado			

Continúa en página siguiente >>

<< Viene de página anterior

CURSO:		**1º Módulo**	**2º Módulo**	**3ºMódulo**
Contenidos del módulo	Suficiente			
	Insuficiente			
	Adecuado			
	Inadecuado			
Metodología	Suficiente			
	Insuficiente			
	Adecuado			
	Inadecuado			
Actividades y recursos	Suficiente			
	Insuficiente			
	Adecuado			
	Inadecuado			
Recursos materiales	Suficiente			
	Insuficiente			
	Adecuado			
	Inadecuado			
Recursos humanos	Suficiente			
	Insuficiente			
	Adecuado			
	Inadecuado			
Proceso de evaluación	Suficiente			
	Insuficiente			
	Adecuado			
	Inadecuado			
Nivel de satisfacción del alumnado	Suficiente			
	Insuficiente			
	Adecuado			
	Inadecuado			

Para el seguimiento del aprendizaje, como la información que se obtiene es de diferente índole, se recogerá mediante la aplicación de las técnicas seleccionadas y elaboradas para la evaluación de cada uno de los aspectos planteados (observación directa de los trabajos, participación, cuestionarios acerca de la motivación y satisfacción del alumnado, etc.).

Por ejemplo, los contenidos que se podrían incluir en la "parrilla" de análisis son los siguientes:

CURSO		1er Módulo	2º Módulo	3er Módulo
Conceptos (comprende los contenidos conceptuales)	Con facilidad			
	Con normalidad			
	Con dificultad			
Procedimientos (aplica y desarrolla los contenidos procedimentales)	Con facilidad			
	Con normalidad			
	Con dificultad			
Actitudes (manifiesta las actitudes adecuadas a los contenidos)	Con facilidad			
	Con normalidad			
	Con dificultad			
Motivación y participación	Con facilidad			
	Con normalidad			
	Con dificultad			
Satisfacción del alumno	Con facilidad			
	Con normalidad			
	Con dificultad			

Dos de las herramientas básicas son:

- **Los diagramas de flujo:** éstos sirven para desglosar en forma de componentes, para presentar una clara imagen de lo que ocurre.
- **Los checklists:** éstos son especialmente útiles para garantizar que se han realizado todas las acciones necesarias. Es otro método de ayuda orientado a los formadores y participantes para preparar, utilizar y solucionar los problemas del equipamiento.

Otros métodos de seguimiento y control que pueden ayudar en la formación son:

- Las reuniones formales e informales.
- Pasar un informe de las sesiones, cuestionarios de satisfacción o formularios de evaluación del curso.
- Entrevistas de evaluación.

Recuerde

Algunos de los instrumentos de seguimiento más utilizados son:

- Cuestionario de satisfacción
- Cuestionario de motivación
- Observación directa
- Reuniones formales e informales
- Entrevistas de evaluación

11. Metodología de la evaluación del diseño de formación

Los métodos empleados en la evaluación siempre suelen son los mismos, independientemente de que se evalúen los objetivos, los contenidos, los recursos, etc. A pesar de esto, hay que tener en cuenta que no se deben utilizar todos los métodos que se van a nombrar, sino que todo dependerá de lo que se esté evaluando.

Los métodos más frecuentes son:

- Observación sistemática.
- Observación mediante observadores externos o internos del grupo.
- Análisis de trabajo.
- Entrevistas personales.
- Situaciones de simulaciones.

- Diálogos, debates.
- Cuestionarios específicos.
- Inventarios.
- Grabaciones en vídeo.
- Etc.

11.1. Evaluación de los objetivos

Cuando se diseña el programa formativo, se deben concretar los objetivos que serán objeto de evaluación al finalizar el curso, para comprobar si éstos se han alcanzado o no.

Los objetivos marcan aquellos aspectos claves que debe adquirir el alumno para alcanzar unas competencias determinadas. Éstos determinarán lo que el alumno será capaz de saber y saber hacer al acabar el curso, en unas condiciones dadas y con unos medios determinados.

Si, al finalizar el curso, se observa que los objetivos no se han cumplido en su totalidad, hay que analizar cuál ha sido la causa de este error y corregirlos. Si se han cumplido los objetivos, habrá que determinar los motivos de éxito, para volver a ponerlos en práctica en futuros cursos.

Los objetivos marcados al inicio de la formación sirven para:

- Dirigir la formación, es decir, saber hacia dónde se quiere llegar con ésta.
- Comprobar qué se ha logrado.
- Facilitar la evaluación, ya que se sabe cuáles son los objetivos que hay que evaluar.
- Reorientar la formación en el mismo momento que se está realizando.
- Elegir los métodos más adecuados para la formación.

La evaluación de los objetivos debe medirse atendiendo a:

- **Objetivos generales:** son utilizados para saber cuáles son las competencias generales.
- **Objetivos específicos:** parten de los objetivos generales.

- **Objetivos operativos:** son derivados de los específicos. Son objetivos más concretos y siempre deben estar relacionados con actividades u operaciones determinadas. Son los más fáciles de medir.

Ejemplo

Objetivos específicos para evaluar un curso de primeros auxilios:

- Aprender los conceptos básicos y generales de los primeros auxilios.
- Adquirir las habilidades y aplicar los principios de actuación para poder reaccionar adecuadamente en situaciones de urgencia.
- Conocer los aspectos jurídicos relacionados.

11.2. Evaluación de los contenidos

La evaluación de los contenidos se realizará para comprobar si los objetivos que se habían marcado al principio de la formación se han logrado, así como para eliminar aquellos contenidos que no aportan nada al curso.

Se debe tener siempre en cuenta que se puede lograr un mismo objetivo de formación utilizando diversos contenidos.

Para evaluar los contenidos, hay que comprobar si se ha seguido una secuencia lógica a la hora de impartirlos. Esta secuencia permite que los contenidos sean adquiridos por los alumnos de una manera más significativa, es decir, facilita el aprendizaje de los mismos.

Para que la evaluación de los contenidos resulte positiva, éstos deben ir expuestos:

- De acuerdo con los objetivos propuestos y con los plazos previstos para conseguirlos.
- De lo conocido a lo desconocido.

- De lo inmediato a lo remoto.
- De lo concreto a lo abstracto.
- De lo fácil a lo difícil.

Otro aspecto a tener en cuenta para que la evaluación de los contenidos sea positiva, es que éstos se deben estructurar adecuadamente, por ejemplo, mediante módulos, unidades didácticas, etc. Éstas tienen que abarcar los conocimientos, las habilidades y las actitudes que capacitan al alumno para poner en práctica las funciones que desempeñará en su puesto de trabajo. Por lo general, se pueden constituir equivalencias entre objetivos generales y cursos, objetivos específicos y módulos, unidades didácticas, etc. así como entre objetivos operativos y sesión formativa,.

Ejemplo

Siguiendo el ejemplo anterior de primeros auxilios, los contenidos que se evaluarán para comprobar si se han logrado o no los objetivos anteriormente propuestos, son:

- Primeros auxilios: conceptos generales.
- Soporte vital básico (reanimación cardio-pulmonar)-adultos.
- Soporte vital básico-niños.
- Soporte vital instrumental.
- Traumatismos osteoarticulares. Inmovilizaciones (vendajes y férulas improvisadas).
- Movilización de urgencia y posiciones de espera.
- Traumatismos craneales y vertebro-medulares.
- Otras situaciones de emergencia.

11.3. Evaluación de la metodología

La evaluación de la metodología consiste en comprobar que los métodos que se han utilizado son los adecuados para lograr los objetivos formativos, aunque éstos deben ser flexibles a la hora de utilizarlos, ya que deben adaptarse a la materia tratada, a los alumnos, a los recursos disponibles, etc.

Para conseguir que la evaluación de la metodología sea positiva, se deben tener en cuenta las características que se emplean para definir un método. Éstas pueden ser:

- Presentar y mostrar la problemática del tema para que, a través de la reflexión y el esfuerzo, el alumno pueda resolverla.
- Respetar tanto la libertad de expresión como de creación.
- Las actividades que están destinadas al alumno tienen que ser dirigidas por el formador para que el alumno reflexione y participe.
- Motivar al alumno, relacionando los temas con sus intereses, motivaciones y necesidades.
- Organizar los nuevos aprendizajes para que se integren con los ya adquiridos.
- Tener en cuenta las limitaciones y las posibilidades que tiene cada alumno.
- Dar lugar a la acción individualizada a través de tareas que requieran planteamientos y acciones individualizadas.

11.4. Evaluación de actividades y recursos

Las **actividades** son unos elementos que acompañan a los contenidos formativos, ya que éstas refuerzan los contenidos que son expuestos por el formador. Siempre debe existir coordinación entre ambos, para esto se deben seleccionar adecuadamente tanto los métodos como las técnicas.

Para evaluar las diversas actividades que se han desarrollado, hay que formular una serie de preguntas para saber si las actividades han sido eficaces o han fallado en su ejecución. Algunas de estas preguntas pueden ser:

- ¿Qué ha hecho el alumno?
- ¿Ha sabido aplicar los conocimientos necesarios para lograr resolver las actividades?
- ¿Valora y comprende la finalidad de la actividad?
- ¿Ha mostrado interés en la realización de la misma?
- ¿Qué ha aprendido?
- ¿Han sido válidas las actividades?

- ¿Cuáles han fallado? ¿Por qué?
- ¿Se han alcanzado los objetivos?
- Etc.

Junto con las actividades, los recursos también tienen que ser evaluados, ya que de ellos va a depender en cierta manera la eficacia de las actividades. Por eso, en la evaluación de los recursos hay que tener en cuenta la eficacia de aquellos que se han utilizado y cuáles son los que se hubieran necesitado para desarrollar el curso.

Se pueden distinguir varios criterios para evaluar la eficacia de los recursos:

- Su calidad, porque actúa como mediador entre la realidad y la estructura cognitiva del alumno.
- El contexto metodológico, ya que todo va a depender de la metodología usada por el formador.
- Los propios alumnos, sus motivaciones, intereses, etc.
- La experiencia del formador en el manejo de los diversos recursos, sus habilidades, etc.

También es necesario tener en cuenta qué evaluar de los recursos:

- La rentabilidad de éstos.
- El aprovechamiento para distintas finalidades.
- El mantenimiento.
- La actualización, deben adaptarse a las nuevas tecnologías.
- La adecuación al proceso de enseñanza-aprendizaje.
- Posibilitar la acción, estimular y responder a las curiosidades presentes en el alumnado.

11.5. Evaluación del formador

La figura del formador es muy importante a lo largo de todo el proceso formativo, ya que, en cierta manera, el éxito o el fracaso de la formación recae sobre él, por lo tanto, es imprescindible conocer previamente a la persona que va a impartir un curso.

El formador es el mediador entre los contenidos y los alumnos, por lo que debe evaluarse de forma continua y a lo largo de todo el proceso de enseñanza-aprendizaje, así como al final del proceso, momento en que se comprobará si los métodos y estrategias que ha diseñado y utilizado han sido los adecuados, introduciendo posibles modificaciones para las prácticas futuras.

La evaluación del formador se puede realizar desde varias vertientes, en cada una de ellas se evalúan aspectos diferentes, pero todas persiguen el mismo fin, que es fomentar la calidad de la formación.

Evaluación realizada por los alumnos

Los alumnos pueden evaluar aspectos como la relación del formador con los alumnos, la organización de las sesiones, el control de clase, la efectividad de la enseñanza, etc.

En la siguiente tabla se muestra un cuestionario a modo de ejemplo:

Marque la opción que más se adecúe a las características que prevalecieron a lo largo del curso
1. Las oportunidades que tuve para realizar preguntas en clase fueron: a. Frecuentes b. Regulares c. Escasas d. Muy escasas
2. El interés que mostró el formador respecto a los alumnos fue: a. Satisfactorio b. Regular c. Poco d. Muy pobre
3. El clima existente en el aula fue: a. Bueno b. Regular c. Tenso d. Malo

Continúa en página siguiente >>

<< Viene de página anterior

Marque la opción que más se adecúe a las características que prevalecieron a lo largo del curso
4. En la prueba final se evaluaban los contenidos dados a lo largo del curso: a. Sí b. No
5. El material presentado en el curso fue: a. Original b. Poco original c. Nada original
6. Las actividades que realicé para asimilar los contenidos fueron: a. Útiles b. Regulares c. Pobres d. Inútiles
7. El contenido marcado para el curso se expuso en su totalidad: a. Sí b. No
8. El grupo de alumnos afectó a mi aprendizaje: a. De manera positiva b. De manera negativa c. No me afectó
9. El material audiovisual me pareció: a. Atractivo b. Regular c. Inadecuado
10. Los procesos, problemas y soluciones experimentados en el trabajo en grupo fueron: a. Bien planteados b. Regular planteados c. Mal planteados
11. Las exposiciones por parte del docente me parecieron: a. Buenas b. Regulares c. Malas

Continúa en página siguiente >>

<< Viene de página anterior

Marque la opción que más se adecúe a las características que prevalecieron a lo largo del curso
12. La actuación del profesor durante el curso evidenció: a. Un elevado conocimiento de la materia b. Un mediano conocimiento c. Un escaso conocimiento
13. El profesor supo controlar las conductas perturbadoras sucedidas a lo largo del curso de forma: a. Eficaz b. Regular c. Ineficaz
14. El ritmo que siguió el profesor al exponer los contenidos me pareció: a. Muy bueno b. Satisfactorio c. Monótono
15. La secuencia de presentación de los contenidos del curso fue: a. Lógica b. Regular c. Arbitraria
16. La actuación del profesor despertó interés y motivación: a. Muchas veces b. Algunas veces c. Pocas veces d. Ninguna vez

Evaluación realizada por el propio formador

En esta evaluación, el formador va a evaluar la preparación del curso, el desarrollo del mismo, y también realizará una evaluación propia de su actuación como formador.

En la siguiente tabla se muestra un cuestionario a modo de ejemplo:

Marque la opción que más se adecúe a las características que prevalecieron a lo largo del curso

A. PREPARACIÓN DEL CURSO

1. ¿Cómo ha sido el tiempo con el que ha contado?
   a. Suficiente
   b. Insuficiente

¿Por qué? ____________________

2. ¿Cómo considera la distribución de las sesiones del curso?
   a. Adecuadas
   b. Inadecuadas

¿Por qué? ____________________

3. ¿Ha dispuesto de las guías didácticas del curso?
   a. Sí
   b. No

¿Por qué? ____________________

4. ¿Ha dispuesto de los recursos necesarios para la preparación de sus sesiones?
   a. Sí
   b. No

¿Cuáles le han hecho falta? ____________________

5. Teniendo en cuenta su nivel de formación, ¿ha necesitado apoyo por parte de la dirección del curso?
   a. Sí
   b. No

¿Cómo ha sido el apoyo? ____________________

B. DESARROLLO DEL CURSO

6. ¿El desarrollo de las sesiones (distribución y tiempo) se ha correspondido con la planificación prevista?
   a. Sí
   b. No

7. ¿La metodología utilizada para el desarrollo de las sesiones ha propiciado la participación e implicación del alumnado?
   a. Sí
   b. No

¿Por qué? ____________________

Continúa en página siguiente >>

<< Viene de página anterior

Marque la opción que más se adecúe a las características que prevalecieron a lo largo de curso

8. ¿Considera que el clima del curso ha sido el adecuado?
   a. Sí
   b. No

¿Por qué? ____________________

9. ¿El contexto donde se ha desarrollado el curso ha sido adecuado y oportuno?
   a. Sí
   b. No

¿Por qué? ____________________

10. ¿Ha conseguido los objetivos propuestos?
    a. Sí
    b. No

¿Por qué? ____________________

C. AUTOEVALUACIÓN

11. Evalúe de 1 a 4 los siguientes apartados relacionados con su intervención como formador, donde:
    1. Considero imprescindible mejorar mi formación en este aspecto.
    2. Considero necesario mejorar mi formación en este aspecto.
    3. Cuento con recursos necesarios para el desarrollo ajustado del curso, pero podría encontrar dificultades si éste cambia el rumbo prefijado.
    4. Mi formación al respecto es adecuada y dispongo de recursos suficientes para el desarrollo óptimo del curso.

	1	2	3	4
Dominio de los contenidos				
Metodología/didáctica empleada				
Comunicación con el alumnado				
Trabajo en equipo				

D. AMPLIACIÓN

Puede anotar a continuación cualquier aportación que desee realizar y no haya sido considerada en este cuestionario.

____

____

11.6. Tipos de evaluación

Existen diferentes tipos de evaluación, cada una se aplicará atendiendo a diferentes criterios.

Según su finalidad o función de la evaluación

Diagnóstica

Esta evaluación, como su nombre indica, tiene un carácter diagnóstico, ya que permite que se conozcan las potencialidades del alumno. De esta manera, la actividad didáctica se dirige de forma más efectiva.

Formativa

Se utiliza como estrategia para mejorar y ajustar los procesos formativos en el momento que se están llevando a cabo, para alcanzar las metas y los objetivos marcados. La evaluación formativa es aplicable a la evaluación de procesos.

Sumativa

Se aplica a la evaluación de productos terminados, es decir, se sitúa concretamente cuando finaliza un proceso, cuando éste se considera acabado. Su propósito es determinar el grado en que se han conseguido los objetivos establecidos, para evaluar de forma positiva o negativa el resultado. Esta evaluación permite tomar medidas tanto a medio como a largo plazo.

Según el momento de aplicación de la evaluación

Inicial

Se produce al principio del proceso de enseñanza-aprendizaje. La función que tiene la evaluación inicial es identificar el nivel de conocimientos que tienen los alumnos que inician un curso y, de esta manera, comprobar si los alumnos cuentan con los conocimientos necesarios para comenzarlo, y determinar si es posible impartirlo de acuerdo al programa formativo o si se requiere alguna modificación.

Procesual

La evaluación procesual se basa en valorar, de forma continua, el aprendizaje de los alumnos y la enseñanza del profesor, a través de la recogida sistemática de datos, toma de decisiones, etc.

La evaluación procesual es totalmente formativa, ya que, al favorecer la recogida continua de datos, permite tomar decisiones en el mismo momento que se considere necesario.

Los resultados que se obtienen forman la base permanente para el formador a la hora de programar las actividades diarias, así como para establecer las actividades y los procedimientos más apropiados. De esta manera, se evitan las dificultades que se puedan producir en los aprendizajes que se están llevando a cabo. La finalidad de todo esto es evitar errores y vacíos en los aprendizajes posteriores.

Final

La evaluación final es aquella que se realiza al finalizar la formación, por lo tanto ésta recoge y valora los resultados obtenidos a lo largo de un periodo formativo.

Según su extensión

Global

Tiene en cuenta todos los elementos y procesos que guardan relación con todo lo que es objeto de evaluación. Por ejemplo, si se trata de evaluar el proceso de aprendizaje de los alumnos, esta evaluación se centra en todas las áreas en general, pero sobre todo en los diversos tipos de contenidos de enseñanza (conceptos, procedimientos, valores, normas, etc.).

Parcial

Esta evaluación no se realiza de manera global, sino que se lleva a cabo por partes, es decir, evalúa los componentes que más interesan.

Según los agentes que realizan la evaluación

Autoevaluación o evaluación interna

Es el proceso sistemático mediante el cual una persona o grupo examina y valora sus procedimientos, comportamientos y resultados, para identificar qué quiere corregir o modificar en él. La evaluación interna muestra que los alumnos están más motivados a la hora de realizar una tarea difícil. La puesta en práctica de la autoevaluación no conlleva que el profesorado abandone sus funciones, sino que implica una concepción diferente de la enseñanza.

La autoevaluación ofrece al estudiante ayuda para descubrir sus necesidades, cantidad y calidad de su aprendizaje, causas de sus problemas, dificultades y éxitos en el estudio. De esta manera, el alumno puede conocerse de manera más concreta.

Heteroevaluación o evaluación externa

La evaluación externa es realizada o llevada a cabo por otra persona que no es el protagonista del aprendizaje. En esta evaluación, lo más frecuente es que el profesor evalúe al alumno.

TIPOS DE EVALUACIÓN	
Según su finalidad o función	- Diagnóstica - Formativa - Sumativa

Continúa en página siguiente >>

<< Viene de página anterior

TIPOS DE EVALUACIÓN	
Según su momento de aplicación	- Inicial - Procesual - Final
Según su extensión	- Global - Parcial
Según los agentes que la realizan	- Autoevaluación o evaluación interna - Heteroevaluación o evaluación externa

Bloque 2

Solucionarios de ejercicios de repaso y autoevaluación

Contenido

1. Mecanizado básico
2. Técnicas básicas de sustitución de elementos amovibles
3. écnicas básicas de preparación de superficies

Solucionario 1

Mecanizado básico

Solucionario Capítulo 1

1. **Para cortes con sierra de mano en aceros suaves, se usan hojas de corte...**

    a. ... basto.
    b. ... medio.
    c. ... fino.
    d. Todas las opciones son correctas.

2. **El triscado de la hoja de sierra sirve para...**

    a. ... permitir la salida de la viruta.
    b. ... evitar que se atasque.
    c. ... que el corte sea más fácil.
    d. Todas las opciones son correctas.

3. **¿En qué sentido desbasta una lima?**

    a. Cuando retrocede.
    b. Cuando avanza.
    c. Cuando avanza y retrocede.
    d. Cuando retrocede a lo largo.

4. **¿Cuántos dientes por cm^2 tendrá una lima de grano fino?**

    a. 8
    b. 16
    c. 25
    d. 32

5. **¿Cuáles son lo componentes de una lija?**

    a. Abrasivo, metal y adhesivo.
    b. Soporte, adhesivo y papel.
    c. Soporte, grano y adhesivo.
    d. Soporte, adhesivo y grasa.

6. Como refrigerante o lubricante para taladrar en aceros, se usa...

a. ... aceite.
b. ... gasoil.
c. ... gasolina.
d. ... taladrina.

7. El movimiento de una broca durante el taladrado debe ser:

a. Rectilíneo.
b. Rotativo y rectilíneo para el avance.
c. Rotativo y transversal.
d. Alternativo.

8. Si la velocidad de giro en la broca es mayor de lo debido...

a. ... se puede estropear el filo de corte.
b. ... se puede quemar la punta de la broca.
c. ... no saldrá la viruta de forma continua.
d. Todas las opciones son correctas.

9. Para realizar un lijado a mano de una superficie metálica para eliminar el óxido superficial, se usará una lija...

a. ... P1200.
b. ... P100.
c. ... P800.
d. ... P60.

10. La viruta de la lima, para evitar que se embote, se elimina con...

a. ... otra lima.
b. ... una carda.
c. ... papel.
d. ... aire a presión.

Solucionario Capítulo 2

1. **¿Para qué se usa la rosca a izquierdas?**

   Para sujetar elementos montados sobre elementos de giro.

2. **¿Cuál es el perfil de rosca más usado?**

   El triangular.

3. **¿Qué significa la expresión M6-1.00 x 55?**

   - M: sistema de rosca métrica.
   - 6: el diámetro exterior del tornillo.
   - 1.00: el paso del tornillo en mm.
   - 55: la longitud del tornillo en mm.

4. **¿Para qué se usan las arandelas *grower?***

   Para evitar que los tornillos se aflojen. Se usan siempre en combinación con una arandela plana para proteger la superficie.

5. **¿Dónde se usan los *circlips?***

   En puntos en lo que hay que fijar elementos limitando su movimiento longitudinal.

6. **¿Qué herramientas se usan para hacer un roscado interior y exterior?**

   Para el interior, el juego de machos y, para el exterior, la terraja.

7. ¿Qué elementos componen una instalación de aire comprimido?

- Compresor.
- Canalizaciones o tuberías.
- Unidad de mantenimiento con secador de agua.
- Engrasador y regulador de presión.
- Tomas de presión con conectores rápidos.

8. ¿Para qué se usan las arandelas en los sistemas de unión?

Se usan para:

- Repartir los esfuerzos de presión que se aplican en el apriete de los tornillos.
- Permitir un buen apoyo entre las piezas a unir y las tuercas y tornillos.
- Proteger las superficies de contacto.
- Impedir que las tuercas se aflojen.
- Garantizar que la unión sea hermética.

9. ¿Qué es una unión amovible?

Una unión amovible es aquella en la que se puede desmontar la pieza tantas veces como sea necesario sin dañarla.

10. ¿Qué es el paso en una rosca métrica?

Es la distancia medida en mm entre las crestas de dos filetes de rosca consecutivos.

Solucionario Capítulo 3

1. **El trazado es una técnica que se usa para...**

   a. ... señalar un esquema donde deben situarse.
   b. ... realizar perspectivas.
   c. ... medir ángulos.
   d. ... marcar las piezas.

2. **La perspectiva caballera tiene tres ejes, uno de los cuales tiene una inclinación de 45°. ¿Cuál es el coeficiente de reducción de las líneas que son paralelas a este eje?**

   a. No tiene
   b. 0,6
   c. 0,5
   d. 0,8

3. **¿Qué es un croquis?**

   a. Un plano a mano alzada respetando la norma.
   b. Un pictograma.
   c. Un símbolo que representa una pieza.
   d. Un plano a tinta y a escala.

4. **Si se quiere realizar una acotación en paralelo, ¿qué distancia como mínimo debe dejarse entre la primera y la segunda línea de cota?**

   a. 5 mm
   b. 10 mm
   c. 6 mm
   d. 8 mm

5. **¿Para qué sirven los símbolos de final de cota?**

   a. Reducen el número de visitas necesarias para fabricar la pieza.
   b. Para finalizar las líneas de cota.
   c. Indican características formales de la pieza.
   d. Simplifican la acotación de la pieza.

6. ¿Qué símbolo se usa para identificar un diámetro?

a. Ω
b. □
c. Ø
d. ©

7. ¿Qué línea se utiliza para indicar un acabado superficial?

a. Línea auxiliar de cota.
b. Línea de cota.
c. Línea de referencia de cota.
d. Línea de dibujo.

8. ¿Cómo acabaría una línea de referencia de cota en el interior de una pieza?

a. Con una cruz en el extremo de la línea de cota.
b. Con una flecha.
c. Con un punto al término de la línea de cota.
d. Da igual, siempre que tenga una cruz, una flecha o un punto.

9. ¿Qué tres vistas definen claramente una pieza?

a. Planta, cara y perfil.
b. Alzado, planta y perfil.
c. Perfil, alzado y vista lateral.
d. Las vistas de frente.

10. ¿En qué unidad se acotan las piezas?

a. En mm.
b. En cm.
c. En pulgadas.
d. En metros.

Solucionario Capítulo 4

1. **Indique la apreciación de los siguientes instrumentos de medida directa.**

Instrumento	Apreciación/Unidad
Metro	1 mm
Calibre	0,1mm; 0,05 mm; 0,02 mm
Micrómetro	0,01 mm
Transportador	1°
Goniómetro	5

2. **¿Qué se entiende por apreciación en un útil de medida?**

La medida más pequeña que se puede tomar con el útil.

3. **¿Cuántas divisiones tiene el nonius de un calibre de apreciación 0,05 mm?**

20.

4. **¿En cuántas partes se divide una pulgada en el calibre?**

16.

5. **¿Qué instrumento de medida por comparación tiene una apreciación de 0,01 mm?**

El reloj comparador.

6. **¿Qué útil se usaría para comprobar el paso de rosca de un tornillo?**

Un peine de rosca.

7. ¿Qué instrumento se usa para medir presiones de fluidos?

El manómetro.

8. ¿Qué es un error de medida?

La diferencia entre el valor real y el valor medido.

9. ¿Con qué se comprobaría la excentricidad de un eje?

Con un reloj comparador.

10. Nombre los diferentes sistemas de medición angular y su unidad.

- Sexagesimal: grado.
- Centesimal: gradián.
- Radianes: radián.

Solucionario Capítulo 5

1. **Señale si la siguiente afirmación es verdadera o falsa. La escoria es el revestimiento del electrodo que se deprende en el proceso de fusión.**

   ☑ **Verdadero**
   ☐ Falso

2. **¿Por qué no se debe usar la eléctrica con electrodo revestido para soldar pequeños espesores?**

   Porque aporta mucho calor y puede perforar las piezas con facilidad.

3. **Una soldadura con poros puede ser debida a...**

   a. ... mala limpieza de las superficies.
   b. ... poco caudal de gas.
   c. ... corrientes de aire.
   d. Todas las opciones son correctas.

4. **El caudal de protección en una MIG/MAG varía en función del** diámetro del hilo **y se obtiene aplicando la regla de** multiplicar por 10 el diámetro del hilo.

5. **Nombre e identifique los gases que se usan en los diferentes equipos de soldadura.**

   MIG:

   - Argón. Botella cuerpo negro, ojiva verde.
   - Helio. Botella cuerpo negro, ojiva marrón.

6. **En un equipo MIG/MAG, si aumenta el espesor a soldar, debe variarse la** intensidad **actuando sobre la** velocidad del hilo **y la** tensión de salida.

7. **¿De qué tipo es la soldadura eléctrica por arco con electrodo revestido?**

   Homogénea.

8. **En un equipo de electrodo revestido, la intensidad del arco eléctrico depende del** espesor del materia**l y del** diámetro del electrodo.

9. **Si el gas que se usa es una mezcla de argón + CO_2, la soldadura es de tipo** MAG.

10. **¿Cómo se llama el tipo de transferencia de material que se hace en finas partículas a través del arco?**

    En *spray.*

Solucionario Capítulo 6

1. **Indique en qué nivel de protección se clasificación los guantes de mecánico.**

    a. **Categoría I**
    b. Categoría II
    c. Categoría III
    d. Categoría IV

2. **¿Cómo se define un riesgo laboral?**

    a. **Un riesgo laboral es la posibilidad de que un trabajador sufra un daño derivado de su actividad laboral.**
    b. Un riesgo laboral es un accidente laboral.
    c. Un riesgo laboral es un daño producido en el ejercicio de su actividad laboral.
    d. Un riesgo laboral es el que se produce en la vida laboral del trabajador.

3. **¿Qué EPI se emplea para proteger los oídos de ruidos excesivos?**

    a. Una gorra con orejeras.
    b. Un gorro homologado.
    c. **Cascos protectores y tapones de oídos.**
    d. Los oídos no necesitan protección.

4. **El responsable de adquirir los equipos de seguridad en las empresas es:**

    a. El trabajador.
    b. Las administraciones competentes.
    c. El servicio de seguridad e higiene en el trabajo.
    d. **El empresario.**

5. **¿Cómo son las señales de advertencia de peligro empleadas en los talleres?**

    a. Forma cuadrada, fondo amarillo y bordes y pictograma negros.
    b. Forma triangular, fondo blanco y bordes y pictograma negros.
    c. **Forma triangular, fondo amarillo y bordes y pictograma negros.**
    d. Forma triangular, fondo blanco y bordes y pictograma rojos.

6. ¿Quién es el último responsable de utilizar correctamente los EPI en la empresa?

a. El empresario.
b. La administración competente.
c. El trabajador.
d. El delegado sindical.

7. ¿Qué medidas de protección son las primeras que se deben instalar en un centro de trabajo?

a. Las medidas de protección individuales.
b. Las medidas de protección mixtas.
c. Las medidas de prevención más económicas.
d. Las medidas de prevención colectivas.

8. ¿Qué es un equipo de protección individual EPI?

a. Cualquier equipo destinado a ser llevado o sujetado por el trabajador para que le proteja de uno o varios riesgos que puedan amenazar su salud.
b. Cualquier equipo destinado a ser llevado o sujetado por el empresario para que le proteja de uno o varios riesgos que puedan amenazar su salud.
c. La ropa de trabajo normal.
d. Cualquier equipo destinado a ser llevado o sujetado por el trabajador para que le proteja ante las caídas.

9. ¿Cómo son las señales de obligación empleadas en los talleres?

a. Cuadradas, con el fondo azul oscuro y el pictograma y el borde blancos.
b. Circulares, con el fondo azul oscuro y el pictograma y el borde azules claro.
c. Cuadradas, con el fondo blanco y el pictograma y el borde azules.
d. Circulares, con el fondo azul oscuro y el pictograma y el borde blancos.

10. ¿Qué se debe hacer con los residuos peligros que se generan en el taller mecánico?

a. Hay que dejarlos en un sitio en que no molesten el paso de los trabajadores.
b. Tienen que ser retirados por agentes autorizados, que realizarán el transporte y posterior reciclado.
c. Se pueden dejar en recipientes repartidos por el taller.
d. Sacarlos a los contenedores de la calle para que los recoja el servicio de recogida de basuras.

Solucionario 2

Técnicas básicas de mecánica de vehículos

Solucionario Capítulo 1

1. **En el sistema mecánico pistón-biela-cigüeñal se realiza la transformación del movimiento rectilíneo alternativo al...**

   a. ... movimiento circular alternativo.
   b. ... movimiento lineal continuo.
   c. ... movimiento curvilíneo alternativo, como en la leva.
   d. ... movimiento circular continuo.

2. **El escape de gases en el motor de dos tiempos se realiza cuando...**

   a. ... el pistón se encuentra en el PMI y está abierto el canal de transferencia.
   b. ... la válvula de escape se encuentra abierta.
   c. ... el pistón está en el PMS con la lumbrera de admisión cerrada.
   d. ... se ha quemado la mezcla en el cárter.

3. **La energía de activación en el motor de cuatro tiempos la proporciona...**

   a. ... la bujía eléctrica cuando se cierra el circuito de admisión.
   b. ... el gas caliente en los motores diésel.
   c. ... la bujía o el inyector de gasoil.
   d. ... la mezcla de aire y gasolina.

4. **En el motor Otto se produce la explosión de la mezcla, mientras que el motor diésel...**

   a. ... se produce la explosión del gasoil y el aire.
   b. ... se mezclan el gasoil y el aire, y se produce la combustión.
   c. ... se provoca la combustión por la bujía.
   d. ... se inyecta la gasolina con el aire comprimido y por tanto caliente.

5. **En la columna A se indican elementos de la distribución del motor y en la columna B se indican movimientos que estos realizan. Enlace ambas columnas según corresponda.**

A	B
Cigüeñal	**Circular continuo entre rodamientos**
Correa	**Circular continuo entre poleas**
Árbol de levas	**Circular continuo entre engranajes**
Leva	**Pivotante**
Muelle	**Compresión**
Válvula	**Lineal alternativo**

6. **Realizar un croquis en el que se indiquen todas las piezas que componen el conjunto Pistón-Biela.**

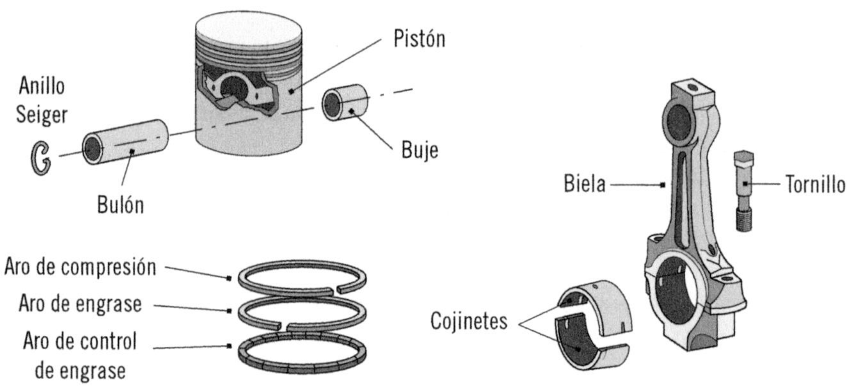

7. **La junta de estanqueidad se utiliza para sellar elementos unidos que tienen en su interior líquidos en movimiento y también para...**

   a. ... conseguir una buena unión con pegamentos industriales.
   b. ... comprobar la linealidad de la unión mecánica.
   c. ... dotar de cierto movimiento flexible a la unión de las piezas.
   d. ... absorber las irregularidades de mecanizado.

8. **Complete:**

El cigüeñal es un elemento **metálico** que está mecanizado en una pieza, en el que se acoplan montados el **cabezal** inferior de la biela y su **cojinete,** que transforma el movimiento lineal de esta, en movimiento circular.

9. **El cigüeñal en uno de sus extremos se une al volante de inercia y...**

   a. ... a la distribución de los árboles de válvulas.
   b. ... al embrague y caja de cambio.
   c. ... a la caja de cambio y freno.
   d. ... a la dirección EPS y embrague hidráulicos.

10. **El acelerador hará más rica en combustible la mezcla para conseguir...**

   a. ... más aceleración.
   b. ... más calor para la refrigeración.
   c. ... más velocidad.
   d. ... más potencia.

11. **Dibujar un esquema en el que se indiquen todos los elementos que componen el circuito de encendido de un vehículo a motor.**

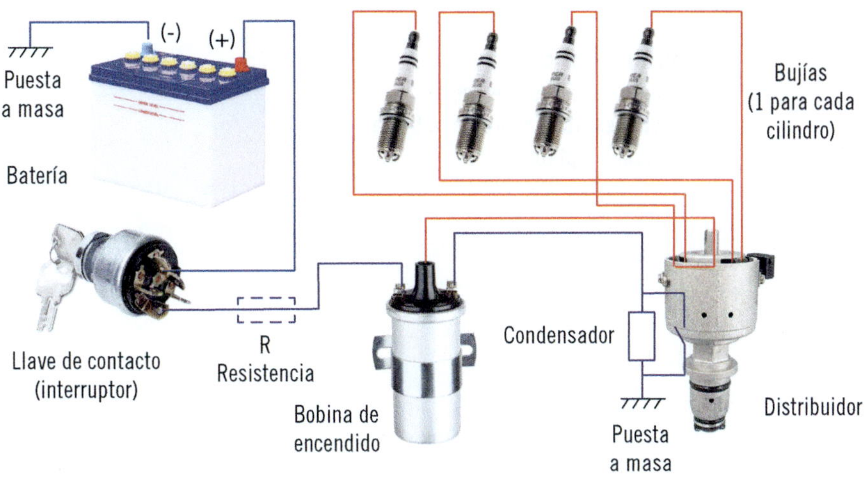

12. El carburador realiza la mezcla de aire y gasolina dependiendo...

a. ... del rango de funcionamiento en que se encuentre el vehículo.
b. ... de la distancia a la que se encuentre el cilindro de explosión.
c. ... de la elección de marcha del vehículo.
d. ... de la temperatura a la que se encuentre el aire refrigerado.

13. La propiedad que más define a un aceite lubricante es:

a. El índice de viscosidad.
b. La untuosidad.
c. El punto de congelación.
d. La estabilidad química.

14. El elemento que se encarga de enfriar el refrigerante que pasa por el motor de explosión o combustión es:

a. El ventilador que va acoplado a la distribución.
b. El radiador.
c. La sonda de temperatura máxima admisible.
d. El estabilizador de temperatura de la climatización.

15. La dirección asistida EPS está formada por un engranaje de tornillo sinfín, rueda helicoidal y...

a. ... un motor eléctrico.
b. ... el circuito hidráulico de aceite.
c. ... la válvula estabilizadora de la barra.
d. ... una rótula acoplada.

Solucionario Capítulo 2

1. **Dentro de los posibles movimientos que se pueden producir en los vehículos cuando circulan está el cabeceo que...**

    a. ... se produce alrededor del eje transversal.
    b. ... se puede reducir no montando grupo reductor.
    c. ... es una combinación de shimmy con el eje vertical.
    d. ... se produce alrededor del eje longitudinal.

2. **En la columna A se indican tipos de suspensiones mecánicas y elementos elásticos y en la columna B se reflejan elementos de ellas que los definen. Enlace ambas columnas según corresponda.**

A	B
Rígido	**Eje y bastidor**
Independiente	**Articulación**
Semirrígido	**Traviesa**
Ballesta	**Hoja maestra**
Barra de torsión	**Brazo**

3. **El muelle es un arrollamiento que se construye de material metálico que tiene grandes propiedades de flexibilidad, y que en la amortiguación de los vehículos realiza el trabajo mecánico de...**

    a. ... tracción.
    b. ... flexión.
    c. ... torsión.
    d. ... compresión.

4. La barra de torsión de la suspensión se deforma...

a. ... igual que la barra estabilizadora, pero es más segura.
b. ... con movimientos de torsión, flexión y compresión.
c. ... absorbiendo las diferencias de altura que se producen en las ruedas durante la circulación.
d. ... ayudada por los brazos o bandejas que tienen en los extremos.

5. Complete:

El amortiguador es el elemento de la **suspensión** que se encarga de amoldarse a los diferentes **cambios** que se producen en la marcha del vehículo, de manera rápida y **suave,** debidos a las vibraciones de los otros elementos **elásticos.**

6. La barra estabilizadora se encuentra unida a las ruedas y transmite...

a. ... el movimiento a la barra de torsión.
b. ... el giro de las ruedas a la suspensión.
c. ... las vibraciones del amortiguador al muelle.
d. ... el movimiento del mecanismo diferencial.

7. El conjunto de suspensión "Mc Pherson" está compuesto por...

a. ... mangueta, muelle y trapecio.
b. ... muelle, amortiguador y copela.
c. ... amortiguador, barra estabilizadora y muelle.
d. ... ballesta, amortiguador hidráulico y trapecio.

8. **Realice un dibujo en el que se indiquen los elementos fundamentales que tiene una suspensión hidroneumática.**

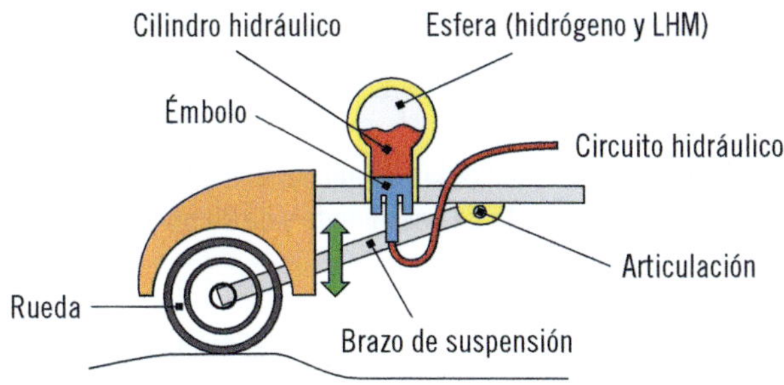

9. **El sistema antibalanceo...**

   a. ... está formado por la barra estabilizadora y los muelles de tracción, que evitan el desplazamiento horizontal.
   b. ... evita el vuelco del vehículo en las curvas pronunciadas a la izquierda.
   c. ... se utiliza para tomar las curvas a alta velocidad sin el peligro de salirse.
   d. ... combina sistemas rígidos y flexibles con los sistemas de control electrónico e hidroneumático.

10. **Los tres elementos fundamentales que forman parte de la rueda son:**

   a. El disco, el palier y el neumático.
   b. La banda de rodadura, la llanta y el disco de freno.
   c. La llanta, el disco y los tornillos de apriete.
   d. La cubierta, la llanta y el aire.

11. **Existen cubiertas de tipo radial y diagonal, dependiendo de la forma en la que están dispuestas las lonas sobre la carcasa del neumático. Indique las razones por las que se utilizan mucho más las radiales que las diagonales.**

   - Se produce un menor consumo de combustible.
   - El agarre a la carretera es mayor al no transmitirse la deformación del talón de un lado a otro de la cubierta.
   - Se consigue una mayor estabilidad en la circulación.
   - Se tiene un menor calentamiento general en el neumático.
   - Se consigue una mayor vida útil.

12. Explique qué significan los números y letras de la llanta siguiente:

5J X 20

Significa que la llanta tiene 5 pulgadas de ancho, una altura, según la tabla de dimensiones J en milímetros, con llanta de base honda y de 20 pulgadas de diámetro nominal.

13. El denominado *aquaplaning* se puede presentar al circular sobre mojado y consiste en...

a. ... que la presión del agua que se evacúa por el dibujo de la banda de rodadura se iguala a la presión exterior.
b. ... que se igualan las presiones del neumático y la presión barométrica del ambiente.
c. ... tomar las curvas derrapando sobre el camino de rodadura.
d. ... dibujar un plano sobre el agua.

14. Si se realiza el cambio de las ruedas, el desmontaje y desplazamiento de la rueda puede producir...

a. ... la caída de la llanta al salirse del neumático.
b. ... que ruede rápidamente por el camino cuando se deposita en el suelo.
c. ... accidentes graves por la caída de los tornillos en los pies.
d. ... esfuerzos dorsolumbares que dañan la espalda.

15. Anomalías típicas que se presentan en las ruedas son:

a. Pérdida de presión, traqueteo en la unión y *shimmy*.
b. Excentricidad, alabeo y desequilibrio.
c. Bamboleo, equilibrio dinámico y saltos.
d. Desunión entre llanta y disco, alabeo y equilibrio excéntrico.

Solucionario Capítulo 3

1. **La distancia de frenado necesaria para detener un vehículo...**

    a. ... aumenta con el aumento de velocidad.
    b. ... disminuye con el aumento de velocidad.
    c. ... se une a la fuerza de transmisión para realizar la detención.
    d. ... se obtiene estadísticamente, según la velocidad y el tipo de vehículo.

2. **El freno manual normalmente cerrado (NC) cuando actúa...**

    a. ... se reduce la velocidad en el mecanismo que gira.
    b. ... consigue la transmisión de movimiento circular en el cigüeñal.
    c. ... genera movimiento alternativo en el eje.
    d. ... se produce movimiento en el árbol.

3. **En la columna A se indican tipos de circuitos hidráulicos de frenos de vehículos y en la columna B se indican sobre qué eje actúa cada uno. Enlace ambas columnas según corresponda.**

A	B
Circuito en II	**Eje trasero y eje delantero**
Circuito en HH	**Doble ejes trasero y delantero**
Circuito en HI	**Doble eje delantero y eje trasero**
Circuito en X	**Eje delantero y eje trasero de cada lado**

4. **El dispositivo que aporta una presión adicional al circuito de frenado es:**

    a. La bomba hidroneumática.
    b. El freno automático.
    c. El servofreno.
    d. La válvula de cierre de presión.

5. El sistema de frenado ABS...

a. ... evita que las ruedas patinen.
b. ... evita que las ruedas se bloqueen.
c. ... disminuye la distancia de frenado en curva.
d. ... dispone de un circuito hidráulico independiente adicional.

6. Complete:

El líquido de frenos sufre **evaporación** cuando se encuentra en condiciones de alta **temperatura,** ya que cuando esto se produce puede dejar en el circuito **burbujas** de aire que impiden el buen funcionamiento, perdiéndose **efectividad.**

7. En la columna A se indica el tipo de movimiento que se transforma y en la columna B se indican mecanismos de transmisión de movimiento. Enlace ambas columnas según corresponda.

A	B
Rectilíneo alternativo → Circular continuo	**Pistón-Biela-Cigüeñal**
Rectilíneo continuo → Rectilíneo continuo	**Palanca y polea y cuerda**
Circular continuo → Rectilíneo continuo	**Torno, tornillo y cremallera**
Circular continuo → Circular continuo	**Engranaje, rueda de fricción, polea y correa**
Circular continuo → Rectilíneo alternativo	**Leva**

8. La combinación de ruedas dentadas destinadas a transformar un movimiento se denomina...

a. ... engranajes rectos combinados.
b. ... cadena cinética de transmisión.
c. ... tren de engranajes.
d. ... caja de cambios.

9. **Complete:**

La relación de **transmisión** es la que existe entre velocidades de dos ruedas. Debido a los diferentes tamaños de las ruedas, se obtienen **velocidades** distintas.

10. **Cuando se realiza el embrague...**

a. ... se transmite movimiento.
b. ... se transforma el movimiento.
c. ... no se puede acelerar.
d. ... se corta la transmisión de movimiento.

11. **Para que el vehículo pueda desplazarse en el sentido contrario de la marcha habitual...**

a. ... se dispone de un circuito de engranajes paralelo.
b. ... se debe poner la marcha A en la caja de cambios.
c. ... se puede encender la luz blanca indicadora.
d. ... se dispone de un piñón de vacío que invierte el sentido de giro.

12. **Realice un sencillo croquis en el que se indiquen los movimientos de giro que se producen en el mecanismo diferencial, completándolo con el nombre de los elementos.**

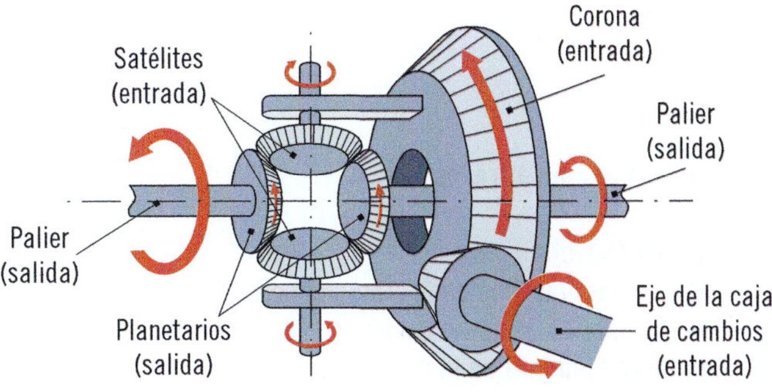

13. Seleccione si las siguientes afirmaciones son verdaderas o falsas, rodeando con un círculo la opción que crea correcta:

a. La caja de cambios permite el aumento de la velocidad en una transmisión en detrimento de la potencia mecánica.

☑ **Verdadero**
☐ Falso

b. El sistema diferencial permite que la trayectoria interior en una curva se permita trazar a más velocidad que la contraria.

☐ Verdadero
☑ **Falso**

c. Los rodamientos son anillos concéntricos que se montan en árboles de transmisión y que permiten el movimiento circular libre de los elementos a los que están anclados.

☑ **Verdadero**
☐ Falso

14. Con la junta cardán se realiza el acoplamiento entre ejes o árboles de transmisión. Se trata de un tipo de acoplamiento...

a. ... fijo o rígido.
b. ... móvil.
c. ... elástico.
d. ... flexible.

15. El palier se acopla al buje a través...

a. ... de una chaveta inclinada.
b. ... de tornillos elásticos que permiten el giro.
c. ... de la rótula de bolas (unión homocinética).
d. ... de un rodamiento en la mangueta.

Solucionario Capítulo 4

1. **La característica fundamental de la llave calibrada de estrella es:**

   a. Que tiene diez muescas y se adapta muy bien a la cabeza de la tuerca.
   b. Que tiene siempre un trinquete de avance.
   c. Que tiene seis o doce muescas.
   d. Que también se puede utilizar con pistolas de aire comprimido.

2. **La llave inglesa se utiliza para apretar y aflojar tornillos, tuercas y...**

   a. ... se puede sustituir por una calibrada de orificios rasgados.
   b. ... se llama así por el lugar de su fabricación.
   c. ... dispone de un tornillo sinfín de ajuste.
   d. ... se regula con el cilindro ajustable que tiene.

3. **La conformidad en la maquinaria para su utilización sin riesgos consiste...**

   a. ... en el marcado CEE de la Comunidad Económica Europea.
   b. ... en el marcado CE Europeo.
   c. ... en el marcado E de Europa.
   d. ... en el marcado UE de la Unión Europea.

4. **En la columna A se indican elementos físicos que aparecen en los trabajos y en la columna B se indican daños o consecuencias que se pueden producir por su utilización. Enlace ambas columnas según corresponda.**

A	B
Eléctrico	**Quemaduras**
Mecánico	**Aplastamiento**
Térmico	**Congelación**
Ruido	**Pérdida de audición**
Vibración	**Efectos sobre el sistema nervioso**
Radiación	**Efectos cancerígenos**

5. La Prevención de Riesgos Laborales en España se desarrolla en...

a. ... el Real Decreto 486/1997, de 4 de octubre.
b. ... la Ley 14/1997, de protección laboral.
c. ... el Real Decreto Legislativo 1215/1997.
d. ... la Ley 31/1995, de 8 de noviembre.

6. Tres partes fundamentales de una grúa hidráulica son:

a. Gancho, pluma y apoyo.
b. Elevador, mando y pie.
c. Cilindro, arnés y pluma.
d. Apoyo móvil, brazo y compresor.

7. ¿Quién descubrió el principio físico que permite el desplazamiento de grandes cargas mediante la hidráulica?

a. Ohm.
b. Tesla.
c. Hooke.
d. Pascal.

8. Complete:

La prueba, realizada mediante el frenómetro **manual**, consiste en elevar la rueda del vehículo y generar el **giro** cuando está el pedal del freno **accionado**, marcando en una escala la **fuerza** que es capaz de realizar el sistema de freno sobre la rueda.

9. **Dibuje un sencillo croquis en el que se observen los tipos de desalineado longitudinal que se pueden encontrar en las ruedas de los vehículos.**

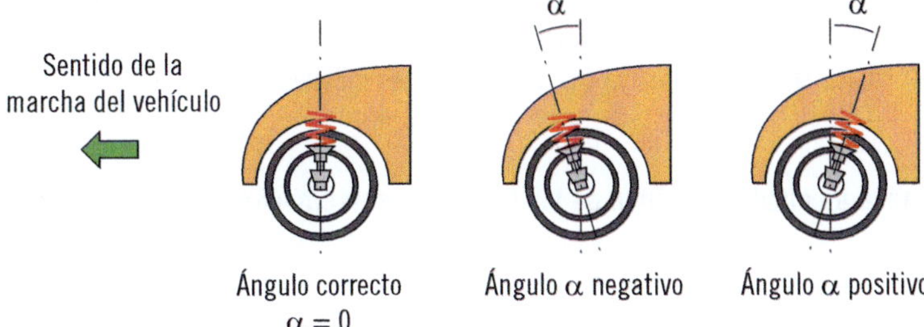

10. **Mediante la prensa hidráulica se puede...**

a. ... realizar trabajos de plegado de piezas mecánicas.
b. ... desplazar el vehículo verticalmente.
c. ... unir dos piezas por medio de un material termofusible.
d. ... conseguir grandes esfuerzos cuando se desplaza un líquido.

11. **Se puede detectar cómo se encuentran los sistemas del vehículo que necesitan mantenimiento con...**

a. ... la *tablet* de medidas correctoras.
b. ... un equipo de puesta a cero mantenimientos.
c. ... el estadillo de mantenimiento correctivo.
d. ... la revisión de todos y cada uno de los sistemas, de manera visual.

12. **La montadora de ruedas...**

a. ... permite la separación de la llanta y el neumático de la rueda.
b. ... permite el desmontaje del disco y el buje de la rueda.
c. ... permite el desplazamiento de los tornillos de unión de la rueda.
d. ... permite la unión de la cámara de aire interior a la estructura de la rueda.

13. Utillajes como el extractor, el caballete graduable y la camilla...

a. ... son esenciales en los trabajos del taller de automoción.
b. ... proporcionan seguridad en la utilización de las herramientas.
c. ... no se consideran herramientas.
d. ... son máquinas, ya que poseen partes móviles.

14. Realice un cuadro resumen de los tipos de mantenimiento correctivo y preventivo.

Mantenimiento correctivo	Solo se actuará cuando se presente un error en el sistema
No programado	Reparar las roturas que ocasionan los fallos en los equipos
Programado	Tener descritas las acciones que se han de realizar cuando ocurra cualquier fallo
Mantenimiento preventivo	Continua revisión de las condiciones del equipo en los elementos que sufren desgaste, antes de que estos provoquen un fallo
Inicial	Toma de datos de cada equipo y registro individual de las informaciones que servirán para realizar la programación
De ronda	Realizado por el personal de producción (automantenimiento), asegura la vigilancia diaria de los equipos
Sistemático	Cuando ya se dispone de suficientes datos que permiten conocer las degradaciones de los materiales de que consta el equipo

15. El histórico de averías con fechas y el balance financiero pertenece...

a. ... al mantenimiento proactivo del taller.
b. ... al mantenimiento diario del taller.
c. ... al mantenimiento correctivo y preventivo del taller.
d. ... al mantenimiento básico del taller.

Solucionario Capítulo 5

1. **En España, la legislación que regula el esfuerzo dorsolumbar es:**

   a. La Ordenanza General de Seguridad e Higiene de 1971.
   b. Las normas de la Seguridad Social, de 10 de enero de 2011.
   c. El Real Decreto 487/1997, de 14 de abril.
   d. El Real Decreto 31/1996, de 6 de octubre.

2. **El esquema general para que un accidente tenga consecuencias es:**

   a. Factor de riesgo, riesgo o peligro y daño.
   b. Riesgo, accidente y consecuencia.
   c. Factor accidental, peligro y daño.
   d. Factor de peligro, riesgo y accidente.

3. **En la columna A se indican operaciones que se realizan en los talleres de automoción y en la columna B los riesgos que se pueden presentar por no realizarlas. Enlace ambas columnas según corresponda.**

A	B
Limpieza y orden	**Caídas al mismo y distinto nivel**
Diseño de recorridos	**Golpes con partes salientes**
Herramientas en su aplicación	**Modificación de mecanismo de protección**
Consultar instrucciones	**Golpes, cortes y quemaduras**
Utilizar guantes	**Cortes y heridas por aristas**
Pruebas de funcionamiento	**Movimientos y descargas eléctricas**

4. **Se consigue más seguridad en el operario durante el desarrollo de los trabajos cuando...**

   a. ... se utilizan los equipos de protección colectiva (EPI).
   b. ... se conoce claramente la función de las herramientas.
   c. ... se realizan sin intensidad eléctrica.
   d. ... se siguen las instrucciones de mantenimiento correctivo.

5. **En los trabajos de almacenamiento no se deben realizar esfuerzos dorsolumbares debiendo...**

   a. ... cargar con el mismo peso en las dos manos.
   b. ... flexionar las rodillas y no la espalda.
   c. ... flexionar los brazos y las rodillas.
   d. ... elevar las cargas con palancas de mano.

6. **Complete:**

   La señalización de seguridad debe atraer la **atención** y provocar una respuesta **inmediata,** dar a conocer un peligro de forma clara, con una única **interpretación** y con la suficiente antelación, ser **conocida,** y de poder cumplirse realmente.

7. **Cuando se produce un accidente de trabajo sin consecuencias en las personas se habla de...**

   a. ... medida se seguridad pasiva.
   b. ... accidente sin baja.
   c. ... actuación de emergencia.
   d. ... incidente.

8. **Existen dos tipos de limpieza en los lugares de trabajo de los talleres que son:**

   a. Automática y manual.
   b. Contratada y propia.
   c. En caliente y en frío.
   d. Realizada por personal experto y no experto.

9. **Escribir brevemente los cuatro tipos de residuos que se generan en la actividad humana, tanto doméstica como industrial, indicando ejemplos de cada uno de ellos.**

   - Emisiones atmosféricas como olores, humos y ruidos, producidos en los tratamientos térmicos utilizados en los procesos industriales, hornos de calentamiento de productos, chimeneas urbanas y rurales.
   - Residuos orgánicos de origen animal o vegetal, procedentes de los restos de alimentos que no se han consumido, y de las industrias alimentarias de la propia selección en el proceso industrial.

- Residuos tóxicos y peligrosos empleados en la limpieza y desinfección incluidos sus envases, y productos químicos. También los procedentes de la actividad administrativa como pueden ser cartuchos de tinta, tóner de impresoras, pilas y baterías ya consumidas, componentes electrónicos y equipos eléctricos.
- Residuos sólidos urbanos (RSU) procedentes de embalajes y envases como el papel, cartón, corcho, tela, madera, vidrio, plásticos y latas de aluminio.

10. El método de tratamiento de residuos que incluye la mezcla con lodos negros de las depuradoras es:

a. La compactación.
b. El vertido controlado en planta.
c. El compostaje.
d. El almacén en tongadas de 2 metros, con tierras inertes.

11. El mantenimiento ordenado de las herramientas en los armarios del taller favorece...

a. ... la seguridad en cuanto a su utilización.
b. ... la limpieza, evitando oxidaciones.
c. ... la rápida utilización en el mismo momento.
d. ... el control, para evitar las pérdidas o sustracción.

12. Complete:

Con la utilización por los **trabajadores** de los EPI se indican las normas a seguir tanto por **empresarios,** que proveerán estos materiales, como por los trabajadores, que tendrán la **obligación** de utilizarlos en beneficio propio y en beneficio de la **producción.**

13. Los equipos de protección individual deben estar bien conservados y mantenidos, para lo cual...

a. ... se recibirá el entrenamiento para su utilización.
b. ... se hará responsable al operario de su pérdida, debiendo pagarlo él.
c. ... se firmará un documento de responsabilidad material.
d. ... se podrán modificar si hace mucho calor.

14. Realizar un resumen de los EPI de protección parcial que se utilizan para evitar peligros de salpicadura, sonidos, caídas de objetos, cortes y ambiente pulverulento.

EPI de protección parcial:

El riesgo se encuentra en unas determinadas partes y/o zonas del cuerpo (ojos, oídos, boca, cara, cabeza, tronco, brazos y manos, piernas y pies). Se deberá utilizar un EPI para cada uno de los riesgos o peligros que se puedan presentar:

a. Salpicaduras: gafas protectoras para los ojos, máscara protectora para la cara, delantal para el tronco, guantes para las manos y manguitos para los brazos.
b. Sonidos: cascos de insonorización para los oídos.
c. Caídas de objetos: casco de seguridad para la cabeza y zapatos de seguridad para los pies.
d. Cortes: guantes para las manos.
e. Ambiente pulverulento: mascarilla para la boca.

15. Los equipos de protección colectiva...

a. ... son solo de señalización.
b. ... son medidas de protección activa.
c. ... son el arnés y el vallado perimetral.
d. ... son más recomendados que los EPI.

Solucionario 3

Técnicas básicas de electricidad de vehículos

Solucionario Capítulo 1

1. **La Ley de Ohm relaciona magnitudes eléctricas. La fórmula es:**

    a. Intensidad por tensión igual a resistencia.
    b. Intensidad entre resistencia igual a potencia.
    c. Voltaje igual a resistencia por intensidad.
    d. Resistencia entre intensidad igual a voltaje.

2. **La propiedad que tiene cada material para permitir el paso de electrones a través de él se denomina...**

    a. ... inductancia.
    b. ... resistencia.
    c. ... capacitancia.
    d. ... resistividad.

3. **Relacione los tipos y elementos fundamentales en las aplicaciones de la electricidad con los conceptos que las definen.**

    a. Corriente alterna.
    b. Transformador.
    c. Generador.
    d. Corriente continua.
    e. Motor.
    f. Batería.

    <u>f.</u> Acumula carga eléctrica.
    <u>a.</u> Tensión variable en el tiempo.
    <u>e.</u> Transforma energía eléctrica en mecánica.
    <u>c.</u> Transforma energía mecánica en eléctrica.
    <u>b.</u> Varía la tensión y la intensidad.
    <u>d.</u> Igual polaridad siempre.

4. **Con la colocación de las resistencias en paralelo en los circuitos eléctricos...**

    a. ... cada lámpara emitirá la misma cantidad de luz.
    b. ... se facilitará el cálculo de potencia.
    c. ... no se podrá quitar ninguna lámpara, al apagarse todas.
    d. ... la intensidad eléctrica se reparte entre todas.

5. **Para realizar la medición de tensión (voltaje), el instrumento se debe colocar respecto al circuito...**

    a. ... en paralelo, con carga.
    b. ... fuera de él, en paralelo.
    c. ... en serie, con las pinzas en cada uno de los conductores.
    d. ... en serie con el interruptor cerrado.

6. **La potencia eléctrica se puede obtener relacionando la intensidad y la resistencia, y se mide...**

    a. ... en ohmios por julio.
    b. ... en segundos de utilización del circuito, para una misma relación I/R.
    c. ... en voltios (W).
    d. ... en vatios.

7. **Complete:**

    En los vehículos existen numerosos circuitos que tienen su origen en la **batería** y que terminan, después de ser consumida la electricidad en las **resistencias,** en la denominada **masa.** Esta parte metálica del vehículo se encuentra a **potencial** cero.

8. **Con la lámpara de pruebas se puede verificar el estado de los circuitos eléctricos del vehículo para...**

    a. ... el cálculo de la intensidad que lo recorre.
    b. ... verificar la existencia de resistencia.
    c. ... la iluminación de las zonas oscuras.
    d. ... la localización de fugas de corriente.

9. Antes de realizar la carga de la batería esta se debe encontrar...

a. ... con el electrolito hasta el borde de los vasos, añadiendo si no se llega al borde.
b. ... limpia de suciedad, aunque puede estar húmeda.
c. ... rellenada de agua destilada hasta la marca del vaso.
d. ... colocada con los bornes rojo y verde, conectados correctamente.

10. La batería del vehículo es capaz de suministrar una tensión de...

a. ... corriente continua a 12 V.
b. ... 13,5 V cuando se termina de descargar.
c. ... 12 V de potencia.
d. ... 12 V en corriente alterna.

11. La batería tiene un electrolito compuesto por...

a. ... un 10 % de agua y 90 % de ácido peróxido.
b. ... ácido sulfúrico y agua destilada (66 - 34 %).
c. ... agua mineralizada, ozono y ácido péntico en un 34 %.
d. ... sulfato de litio y agua desnaturalizada al 50 %.

12. Realice un esquema-croquis en el que se observe la manera de alimentación del alternador a la batería del automóvil, con sus diferentes conexiones y elementos.

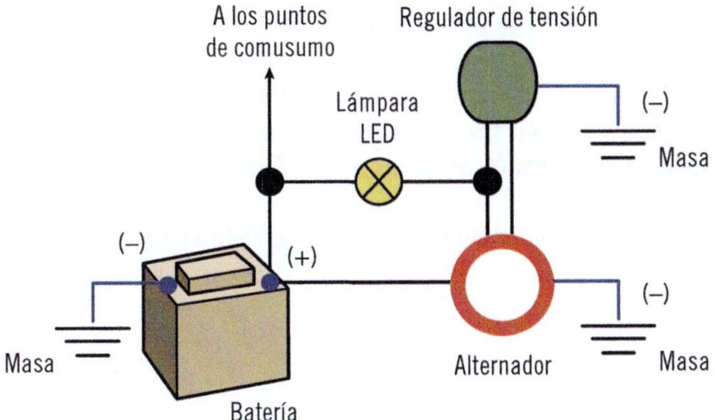

13. Entre los elementos auxiliares del motor se encuentra el motor de arranque...

a. ... que inicia el movimiento circular alternativo del motor térmico.
b. ... utilizado para el desplazamiento lineal del vehículo.
c. ... de tipo eléctrico, que inicia el movimiento mediante la llave de contacto.
d. ... utilizado para mover el relé de arranque.

14. El alternador genera electricidad por medio de las propiedades de magnetismo de la electricidad y se mueve...

a. ... por medio de la correa de periféricos.
b. ... alternativamente con el movimiento de los pistones y el cigüeñal.
c. ... creando el campo inductivo de corriente continua.
d. ... cuando el relé que tiene desplaza el piñón de engrane.

15. Describa con sus palabras la constitución material de la bobina de encendido, sabiendo que se trata de un transformador de electricidad.

La bobina consta de una barra metálica de hierro dulce sobre la que se enrollan dos cables conductores.

El primario está formado por un hilo grueso, de aproximadamente 1mm de diámetro, enrollado unas 200 veces, y el secundario por hilo más mucho más fino (de diámetro 0,08 mm) enrollado unas 20.000 veces.

La relación entre bobinados primario y secundario en cuanto a vueltas alrededor del núcleo de hierro dulce puede variar entre 60 y 150.

Entre cada una de las bobinas y el núcleo existe un aislamiento de resina sintética o aceite mineral, que además favorece la refrigeración para bajar las altas temperaturas que se producen en el interior, por el ya conocido Efecto Joule.

El recipiente es metálico y totalmente estanco y hermético para evitar contaminaciones o pérdidas.

16. Los cables de alta se encuentran uniendo...

a. ... el distribuidor y las bujías.
b. ... la bobina y las bujías.
c. ... el distribuidor, las bujías y la bobina.
d. ... dos para la bobina, desde el distribuidor o delco, y tres para cada bujía.

17. Realice un dibujo en el que se observen las zonas y elementos de la bujía, indicando dónde se produce la chispa eléctrica que inflama la mezcla de combustible en el motor.

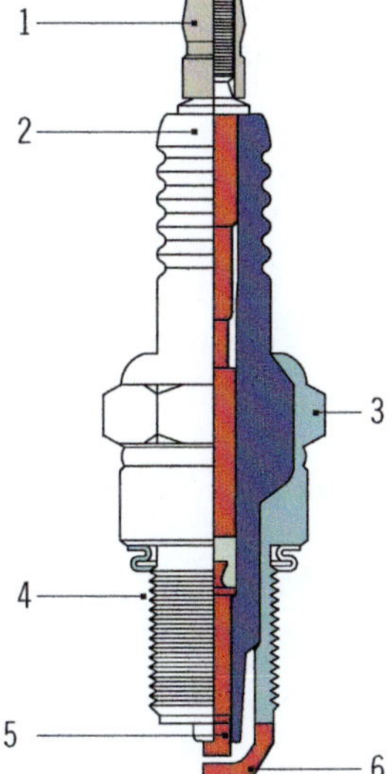

1. Casquillo de conexión para cable de alta
2. Aislador cerámico
3. Zona de tuerca para montaje y desmontaje
4. Zona roscada
5. Electrodo central
6. Electrodo masa

18. El sistema de encendido electrónico integral...

a. ... utiliza íntegramente la electrónica de corriente AC.
b. ... recibe la información en la ECU, enviando marcas pulsatorias.
c. ... elimina los reguladores centrífugo y de vacío.
d. ... proporciona la electricidad por medio del ruptor (platinos).

19. El fusible se rompe cuando la intensidad eléctrica es superior a la permitida, debido...

a. ... al efecto Ohm.
b. ... al efecto Faraday.
c. ... al efecto Oersted.
d. ... al efecto Joule.

20. Mediante un relé se puede...

a. ... conseguir movimiento magnético.
b. ... conseguir desplazamiento de elementos.
c. ... generar movimientos gracias al electromagnetismo de los metales.
d. ... controlar un circuito, mediante su rotura.

Solucionario Capítulo 2

1. **Mediante el destornillador se consigue...**

    a. ... avance radial en el elemento roscado cuando se gira a izquierdas.
    b. ... avance tangencial en el elemento roscado cuando se gira a derechas.
    c. ... avance axial en el elemento roscado cuando se gira a izquierdas.
    d. ... avance lineal en el elemento roscado cuando se gira a derechas.

2. **El alicate universal dispone consecutivamente en su mordaza de agarre para...**

    a. ... superficies planas, curvas y cizalla.
    b. ... superficies rugosas, redondas y cizalla.
    c. ... cizalla, corte y superficie plana.
    d. ... superficies curvas, planas y para circlips.

3. **La herramienta que se emplea para comprobar el par de un elemento roscado es:**

    a. La tenaza de dos puntas.
    b. El destornillador-par.
    c. La llave dinamométrica.
    d. La llave hidráulica con mango corredizo.

4. **En los recorridos de los circuitos eléctricos en el vehículo se realizan uniones por medio de...**

    a. ... los fastones.
    b. ... las clemas.
    c. ... los empalmes atornillados.
    d. ... las placas de masa.

5. **Realice el dibujo del esquema básico de instalación eléctrica de las luces de un vehículo en posición de circulación con luz de cruce.**

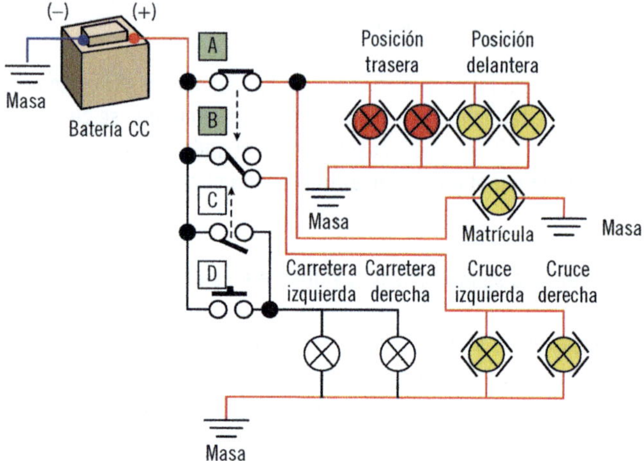

6. **Relacione los tipos luces en el vehículo con las acciones que se producen al utilizarlas.**

a. Luz de frenado.
b. Luz de posición.
c. Luz de retroceso.
d. Luz de cruce.
e. Luz de carretera.
f. Luz de niebla.
g. Luz de cambio de dirección.

f. Naranja o rojo intenso.
e. Blanco en la vía.
c. Blanco fijo.
d. Blanco sobre la vía.
a. Rojo intenso.
b. Blanco o rojo leve.
g. Naranja temporizado.

7. **Complete:**

Las luces del vehículo del grupo óptico **trasero,** empleadas principalmente para indicar la **posición** y las maniobras, se encuentran **agrupadas** en una misma carcasa, con colores e **intensidad** distintos.

8. **El reflector elíptico de las luces delanteras es básicamente un parabólico pero posee además...**

   a. ... una pantalla inferior blanca.
   b. ... escalones en su construcción.
   c. ... cambio automático de cruce a carretera.
   d. ... una lente convergente.

9. **La característica fundamental de la lámpara de xenón es:**

   a. Que emite una luz azulada.
   b. Que produce descarga iónica.
   c. Que no tiene ampolla.
   d. Que no tiene filamento.

10. **Escriba el significado de cada uno de los siguientes iconos que aparecen en el cuadro de mandos del vehículo.**

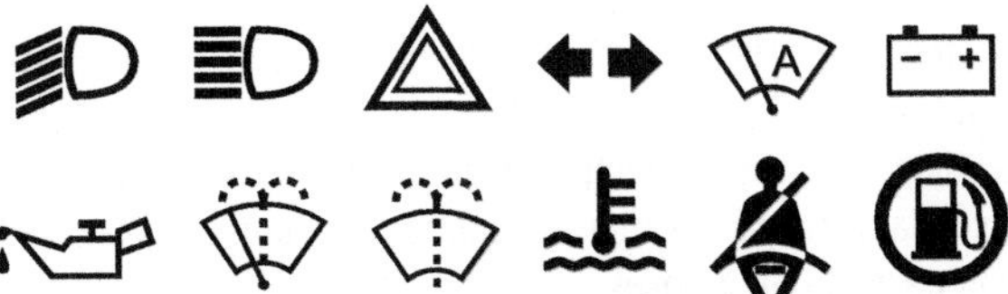

Luz de cruce – Luz de carretera – Señalización de emergencia – Cambios de dirección a izquierda o derecha – Limpiaparabrisas trasero – Estado de la batería – Estado del aceite lubricante del motor – Limpiaparabrisas delantero – Agua sobre el limpiaparabrisas – Temperatura – Cinturón de seguridad – Capacidad de combustible.

11. El motor del limpiaparabrisas...

a. ... es de tipo electromagnético con relé.
b. ... se enciende y produce la aparición de lluvia.
c. ... realiza el movimiento alternativo del brazo de arrastre.
d. ... dispone de movimiento de vaivén en el eje.

12. Los mecanismos de cable con hélice o de tracción y brazos articulados corresponden al sistema de...

a. ... elevalunas eléctrico.
b. ... luneta térmica.
c. ... giro de la dirección electrónica.
d. ... limpiaparabrisas delantero y trasero (opcional).

13. La impedancia o resistencia del circuito de sonido del vehículo normalmente es:

a. De 2 Ω.
b. De 6 Ω.
c. De 8 Ω.
d. De 4 Ω.

14. En las operaciones de cambio de lámparas en los faros delanteros y pilotos traseros existe una diferencia. Indicar cuál es la verdadera.

a. Los delanteros tienen lámparas de incandescencia y los traseros lámparas LED.
b. Los delanteros tienen lámparas de xenón y los traseros pilotos de colores.
c. Los delanteros son lámparas blancas o de colores y las traseras blancas bajo carcasa de colores.
d. Los traseros tienen lámparas de incandescencia y los delanteros también.

15. La caja de fusibles del coche se encuentra...

a. ... normalmente bajo el cuadro de mandos.
b. ... normalmente en dos terminales independientes.
c. ... en ocasiones en el maletero.
d. ... normalmente detrás de la guantera, para poder acceder mejor a ella.

16. En los vehículos a motor, la batería se recarga por medio del alternador, y proporciona una tensión de...

a. ... 24 T.
b. ... 0,2 A.
c. ... 0,012 Ω.
d. ... 12 V.

17. Complete:

La **contaminación** ambiental ha llegado a ser un **problema** social, no solo por la cantidad de emisiones de CO_2 a la **atmósfera** sino por la excesiva dependencia que se tiene de los derivados del **petróleo.**

18. La forma de invertir el sentido de giro del motor de CC consiste en...

a. ... tomar corriente por los dos polos (+) y (-).
b. ... cambiar la posición del motor de derecha a izquierda.
c. ... cambiar su polaridad.
d. ... colocar un inversor de corriente en paralelo.

19. Realice un croquis-esquema con la disposición de los elementos en el vehículo híbrido en paralelo.

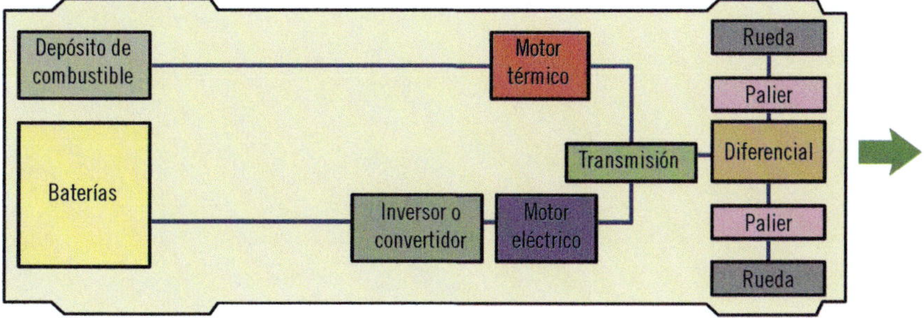

20. Con los vehículos híbridos se reducen en gran medida la emisión de gases nocivos para la atmósfera...

a. ... por ser su propulsión de tipo eléctrico en CC.
b. ... al ser el motor de combustión más pequeño.
c. ... debido a su mantenimiento casi nulo. Solo la recarga de las baterías.
d. ... por realizar emisiones que no contienen CFC.

Solucionario Capítulo 3

1. **En España, la norma básica fundamental para la Prevención de Riesgos Laborales es:**

    a. El Real Decreto 14/2001, de 10 de octubre.
    b. La Ley 2/2002, de 25 de agosto.
    c. La Ordenanza General de la Seguridad Social, de 1971.
    d. La Ley 31/1995, de 8 de noviembre.

2. **Entre las obligaciones del trabajador en cuestión de PRL está:**

    a. El ser representante de prevención en el comité de seguridad y salud.
    b. La formación en prevención mediante cursos externos a la empresa.
    c. No modificar las medidas de prevención, pero si se consigue más comodidad en el desarrollo de los trabajos, sí.
    d. El utilizar correctamente los medios y equipos de protección facilitados por el empresario.

3. **Accidente de trabajo en su definición legal es:**

    a. Toda lesión corporal que el trabajador sufra con ocasión o por consecuencia del trabajo que ejecute por cuenta ajena.
    b. Alguna lesión corporal que el trabajador sufra con ocasión o por consecuencia del trabajo que ejecute por cuenta ajena.
    c. Toda lesión corporal que el trabajador sufra por consecuencia o con ocasión del trabajo que ejecute por cuenta propia.
    d. La lesión corporal o física que el trabajador sufra con ocasión o por consecuencia del trabajo que realice por cuenta ajena.

4. **El esquema básico para que se produzca un daño durante la realización de un trabajo es:**

    a. Trabajo, factor de riesgo y consecuencia.
    b. Peligro, riesgo y accidente.
    c. Factor de riesgo, riesgo y daño.
    d. Riesgo, causa de riesgo y rotura.

5. **Complete:**

Mantener una limpieza y **orden** adecuados en las instalaciones del taller de automoción para evitar las **caídas** al mismo o a distinto nivel, así como el contacto con partes salientes de las **máquinas** y elementos **auxiliares** con los que se están trabajando.

6. **Herramientas que se utilizan habitualmente para realizar el atornillado son:**

   a. **El destornillador, la llave y el alicate.**
   b. La llave inglesa, el atornillador y el pelacables.
   c. El alicate, el martillo y la llave fija.
   d. El taladro de baja revolución, la llave calibrada y el pozidriv.

7. **Relacione los elementos eléctricos del vehículo y lo peligros y medios de protección en los trabajos eléctricos sobre los vehículos.**

   a. Cargador de baterías.
   b. Alternador.
   c. Bujías.
   d. Limpiaparabrisas.
   e. Elevalunas.
   f. Lámparas.
   g. Cableados.

   c. Alto voltaje.
   g. Aislante en mango.
   a. Lejos de combustibles.
   f. Rotura al contacto.
   e. Cortes con carriles-guía.
   b. Fricción con correa.
   d. Aplastamiento con varillaje.

8. **Durante los trabajos de soldadura eléctrica la medida de protección más esencial es:**

   a. Utilizar guantes de cuero.
   b. **Protegerse los ojos de la luz ultravioleta.**
   c. Guardar la distancia del arco perfectamente.
   d. Cortar la corriente cuando no se está trabajando.

9. **Indique el real decreto referente a las disposiciones mínimas de seguridad y salud relativas a la manipulación de cargas que entrañen riesgos dorsolumbares, y realice una lista de los factores individuales de riesgo. Complete la cuestión con un croquis de cómo se debe realizar el izado manual de las cargas de pequeño o mediano peso.**

En el Real Decreto 487/1997 se indican los factores individuales de riesgo, que serán:

- La falta de aptitud física para realizar las tareas en cuestión.
- La inadecuación de las ropas, el calzado u otros efectos personales que lleve el trabajador.
- La insuficiencia o inadaptación de los conocimientos o de la formación.
- La existencia previa de patología dorsolumbar.

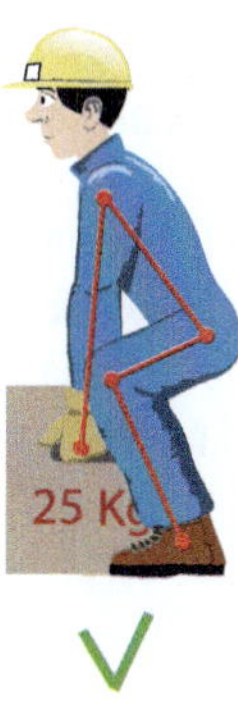

En los trabajos de almacenamiento no se deben realizar esfuerzos dorsolumbares, debiendo flexionar las rodillas y no la espalda.

10. **Partes fundamentales de las grúas son:**

a. El gancho, la pluma y el apoyo.
b. El mecanismo, el apoyo y la pluma.
c. El motor, la cimentación y el anclaje.
d. La vía de apoyo, el brazo y el anclaje con gancho.

11. **Realice un listado de los peligros que pueden aparecer en la manipulación de cargas con las grúas.**

- Vuelco o caída de la grúa.
- Pérdida de la carga.

- Choques y atrapamientos de personas con las cargas.
- Contactos directos o indirectos.
- Ruidos y vibraciones.
- Operaciones ajenas y vandalismo.

12. Según la Ley 31/1995, las plataformas de trabajo se deben utilizar cuando...

a. ... con otros medios no se puede llegar al punto de operación.
b. ... es necesaria la utilización de maquinaria manual.
c. ... los trabajos impliquen movimientos laterales.
d. ... se realicen trabajos a una altura mayor de 2 m.

13. Entre las herramientas cortantes sin arranque de viruta se encuentran...

a. ... el cortatubos, el cúter y la barrena.
b. ... las tijeras, la segueta y el cortafríos.
c. ... la cizalla, la barrena y la cuchilla.
d. ... las tijeras de chapa, el cortafríos y el cortatubos.

14. Complete:

Son señalizaciones los **estímulos** que condicionan la actuación de quien los recibe en relación a determinados **riesgos** y a la forma de evitarlos. Aunque no pueden consistir en la única medida de **seguridad,** son un buen **complemento** de otras técnicas de seguridad.

15. Escriba las condiciones en que deben estar los puestos de trabajo para la industria en general.

- Tener vías de circulación libres de obstáculos.
- Superficies, en los puestos y de circulación de personas, que sean antideslizantes, con techos y paredes de fácil limpieza.
- Mantener limpieza y orden adecuado, tanto de la maquinaria como en las instalaciones móviles; también en los elementos auxiliares como archivos, muebles, etc.
- Las operaciones de limpieza nunca constituirán un peligro durante su realización.

- En el caso de los talleres de automoción, los aceites y lubricantes ya utilizados se retirarán y almacenarán, hasta que el gestor mediambiental homologado se encargue de su eliminación y/o reciclaje.
- La ventilación de los locales se encontrará en buen estado de uso, disponiendo alarmas por el mal funcionamiento.

16. Relacione los iconos de etiquetado que aparecen en los envases de limpieza y el tipo de peligro hacen referencia.

a.
b.
c.
d.
e.
f.

g. 

f. Nocivo.
e. Corrosivo.
g. Peligroso para el medioambiente.
d. Tóxico.
c. Inflamable.
a. Explosivo.
b. Comburente.

17. Residuos sólidos urbanos (RSU) son:

a. Los producidos por los tratamientos industriales en las ciudades.
b. Los procedentes de la actividad administrativa.
c. Los procedentes de los restos de alimentos que no se han consumido.
d. Los procedentes de embalajes y envases.

18. Componentes electrónicos, pilas usadas y cartuchos de tinta son:

a. Residuos tóxicos y peligrosos.
b. Residuos sólidos urbanos.
c. Residuos industriales.
d. Residuos reciclables.

19. Entre los residuos que se generan en el sector industrial electromecánico se tienen...

a. ... las chapas, cables y bayetas.
b. ... las bolsas de papel, perfiles metálicos y virutas.
c. ... los restos de alimentación, papel higiénico y agua.
d. ... los envases de productos de limpieza, tornillos y cera.

20. Los equipos de protección colectiva...

a. ... corresponden a las medidas de protección pasiva.
b. ... son más recomendados que los EPI.
c. ... son el vallado perimetral y el arnés.
d. ... se pueden sustituir por señalizaciones que tengan el mismo significado.